“蓝桥杯”单片机设计与开发竞赛培训教材

基于Proteus的单片机设计与调试

冯　良　郭书军　朱青建　编著

電子工業出版社
Publishing House of Electronics Industry
北京 • BEIJING

内容简介

本书以 MCS51 兼容单片机为核心，以“蓝桥杯”单片机设计与开发竞赛为背景，以 Proteus 为仿真平台，以实际操作为目标，介绍单片机的设计与调试。

本书首先介绍设计基础，包括 MCS51 兼容单片机及其开发环境与工具，然后介绍模块设计与调试，包括 LED、定时器、数码管、矩阵键盘、串行口和中断等基本模块以及实时钟、温度传感器、存储器、ADC/DAC、超声波距离测量和频率测量等扩展模块，最后以竞赛真题为例介绍单片机系统设计与测试。

本书设计程序经过多轮实验改进，简单易学，实用性强。设计程序既可以在竞赛实训平台上运行，也可以在 Proteus 中仿真运行，方便无实训平台用户学习和线上教学。

本书可作为“蓝桥杯”单片机设计与开发竞赛培训教材，也可作为单片机教材供电子信息类与电气类各专业使用。

图书在版编目（CIP）数据

基于 Proteus 的单片机设计与调试 / 冯良，郭书军，朱青建编著. —北京：电子工业出版社，2023.4
ISBN 978-7-121-45359-5

Ⅰ. ①基… Ⅱ. ①冯… ②郭… ③朱… Ⅲ. ①单片微型计算机－系统设计－高等学校－教材②单片微型计算机－调试方法－高等学校－教材 Ⅳ. ①TP368.1

中国国家版本馆 CIP 数据核字（2023）第 060320 号

责任编辑：赵玉山　　特约编辑：穆丽丽
印　　刷：固安县铭成印刷有限公司
装　　订：固安县铭成印刷有限公司
出版发行：电子工业出版社
　　　　　北京市海淀区万寿路 173 信箱　邮编 100036
开　　本：787×1 092　1/16　印张：11.75　字数：300 千字
版　　次：2023 年 4 月第 1 版
印　　次：2025 年 1 月第 3 次印刷
定　　价：39.00 元

凡所购买电子工业出版社图书有缺损问题，请向购买书店调换。若书店售缺，请与本社发行部联系，联系及邮购电话：（010）88254888，88258888。

质量投诉请发邮件至 zlts@phei.com.cn，盗版侵权举报请发邮件至 dbqq@phei.com.cn。

本书咨询联系方式：（010）88254556，zhaoys@phei.com.cn。

前　言

从 20 世纪 80 年代 Intel 公司推出的 MCS51 单片机到宏晶科技推出的 IAP15 系列 8 位单片机，40 多年来单片机得到了广泛的应用。

本书以 MCS51 兼容单片机为核心，以“蓝桥杯”单片机设计与开发竞赛为背景，以 Proteus 为仿真平台，以实际操作为目标，介绍单片机的设计与调试。

全书主要包括以下 4 部分：

（1）设计基础：介绍 MCS51 兼容单片机及其开发环境与工具。MCS51 兼容单片机部分简单介绍 MCS51 单片机和 IAP15 单片机；开发环境与工具部分介绍 Keil C51、STC-ISP 和 Proteus 的使用，重点介绍 Keil 和 Proteus 的程序调试方法。

（2）基本模块设计与调试：介绍 LED、定时器、数码管、矩阵键盘、串行口和中断等基本模块的工作原理、原理图绘制和源代码设计与调试。

（3）扩展模块设计与调试：介绍实时钟、温度传感器、存储器、ADC/DAC、超声波距离测量和频率测量等扩展模块的基本工作原理、原理图绘制和源代码设计与调试。

（4）系统设计与测试：以竞赛真题为例介绍单片机系统的设计与测试。

本书设计程序经过多轮实验改进，简单易学，实用性强。设计程序既可以在竞赛实训平台上用 Keil 调试运行（定义预处理符号“IAP15”），也可以在 Proteus 中仿真运行，方便无实训平台用户学习和线上教学。

本书由郭书军教授主持编写，冯良老师和朱青建先生参加了编写工作，王玉花老师参与了书稿校对和实验程序验证等工作。

由于编著者水平有限，书中难免有不妥或错误之处，恳请读者批评指正。

QQ 群：MCS51 仿真（468349239），群文件中有开发工具软件和工程文件。

编著者

2022 年 9 月

目　录

第 1 章 设计基础

本章介绍 MCS51 兼容单片机及其开发环境与工具。

1.1 MCS51 兼容单片机

MCS51 单片机是 Intel 公司 20 世纪 80 年代推出的 8 位单片机，近 40 年来得到了广泛的应用。国外和国内有很多公司都推出了改进型的 51 兼容单片机，其中具有代表性的是宏晶科技推出的 AP15 系列 8 位单片机。

1.1.1 MCS51 单片机功能简介

MCS51 单片机采用 40 脚双列直插封装，有 32 根 I/O 线，2/3 个 16 位定时/计数器，1 个全双工串行口，5/6 个 2 优先级的中断源。MCS51 系列单片机性能对照表如表 1.1 所示。

表 1.1 MCS51 系列单片机性能对照表

ROM 形式			ROM 容量	RAM 容量	并行口	定时/计数器	串行口	中断源
片内 EPROM	片内 ROM	片外 ROM						
8751	8051	8031	4KB	128B	32	2	1	5
	8052	8032	8KB	256B	32	3	1	6

MCS51 系列单片机的特殊功能寄存器（SFR）如表 1.2 所示。

表 1.2 MCS51 系列单片机特殊功能寄存器（SFR）

名 称	地 址	D7	D6	D5	D4	D3	D2	D1	D0
P0	80H	P07	P06	P05	P04	P03	P02	P01	P00
PCON	87H	SMOD	-	-	-	GF1	GF0	PD	IDL
TCON	88H	TF1	TR1	TF0	TR0	IE1	IT1	IE0	IT0
TMOD	89H	GATE1	C/T1	M1_1	M0_1	GATE0	C/T0	M1_0	M0_0
TL0	8AH	T0 低 8 位定时/计数值							
TL1	8BH	T1 低 8 位定时/计数值							
TH0	8CH	T0 高 8 位定时/计数值							
TH1	8DH	T1 高 8 位定时/计数值							
P1	90H	P17	P16	P15	P14	P13	P12	P11/T2EX	P10/T2
SCON	98H	SM0	SM1	SM2	REN	TB8	RB8	TI	RI
SBUF	99H	串行口 8 位数据							
P2	A0H	P27	P26	P25	P24	P23	P22	P21	P20
IE	A8H	EA	-	ET2	ES	ET1	EX1	ET0	EX0
P3	B0H	P37/RD	P36/WR	P35/T1	P34/T0	P33/INT1	P32/INT0	P31/TXD	P30/RXD

续表

名　称	地　址	D7	D6	D5	D4	D3	D2	D1	D0
IP	B8H	-	-	PT2	PS	PT1	PX1	PT0	PX0
T2CON	C8H	TF2	EXF2	RCLK	TCLK	EXEN2	TR2	C/T2	CP/RL2
T2MOD	C9H	-	-	-	-	-	-	T2OE	DCN
RCAP2L	CAH	T2 低 8 位初值/捕捉值							
RCAP2H	CBH	T2 高 8 位初值/捕捉值							
TL2	CCH	T2 低 8 位定时/计数值							
TH2	CDH	T2 高 8 位定时/计数值							

（1）并行口

MCS51 的 32 根 I/O 线分为 4 个双向并行口 P0～P3，每个 I/O 线都能独立地用作输入或输出，每个 I/O 电路都由锁存器、输出驱动器和输入缓冲器组成。并行口相关的特殊功能寄存器（SFR）如表 1.3 所示。

表 1.3　MCS51 并行口相关的特殊功能寄存器

名　称	地　址	D7	D6	D5	D4	D3	D2	D1	D0
P0	80H	P07	P06	P05	P04	P03	P02	P01	P00
P1	90H	P17	P16	P15	P14	P13	P12	P11/T2EX	P10/T2
P2	A0H	P27	P26	P25	P24	P23	P22	P21	P20
P3	B0H	P37/RD	P36/WR	P35/T1	P34/T0	P33/INT1	P32/INT0	P31/TXD	P30/RXD

P0 口受内部信号控制，可分别切换到地址/数据总线和 I/O 口两种工作状态，通常工作在 I/O 口状态，开漏输出，必须外接上拉电阻，输入时锁存器必须输出 1。

P1 口只有 I/O 口一种工作状态，内部接有上拉电阻，输入时锁存器也必须输出 1。

P2 口受内部信号控制，有地址总线和 I/O 口两种工作状态，通常也工作在 I/O 口状态，内部接有上拉电阻，输入时锁存器必须输出 1。

P3 口除用作一般 I/O 口外，还有第二种 I/O 功能，用作第二种输出时锁存器必须输出 1，内部接有上拉电阻，输入时锁存器必须输出 1。

（2）定时/计数器

MCS51 有 3 个 16 位定时/计数器 T0、T1 和 T2，其核心部件是一个加法计数器（TH 和 TL），可以对输入脉冲进行计数。

若计数脉冲来自系统时钟，则为定时方式；若计数脉冲来自 P34（T0）、P35（T1）或 P10（T2）引脚，则为计数方式。

在定时方式下，计数脉冲的频率是系统主频的 12 分频。如果系统主频是 12MHz，则计数脉冲的频率是 1MHz（计数周期是 1μs）。

与 3 个定时器相关的特殊功能寄存器（SFR）如表 1.4 所示。

表 1.4　与 MCS51 定时器相关的特殊功能寄存器

名　称	地　址	D7	D6	D5	D4	D3	D2	D1	D0
TCON	88H	TF1	TR1	TF0	TR0	IE1	IT1	IE0	IT0
TMOD	89H	GATE1	C/T1	M1_1	M0_1	GATE0	C/T0	M1_0	M0_0
TL0	8AH	T0 低 8 位定时/计数值							

续表

名称	地址	D7	D6	D5	D4	D3	D2	D1	D0
TL1	8BH	T1 低 8 位定时/计数值							
TH0	8CH	T0 高 8 位定时/计数值							
TH1	8DH	T1 高 8 位定时/计数值							
T2CON	C8H	TF2	EXF2	RCLK	TCLK	EXEN2	TR2	C/T2	CP/RL2
T2MOD	C9H	-	-	-	-	-	-	T2OE	DCN
RCAP2L	CAH	T2 低 8 位初值/捕捉值							
RCAP2H	CBH	T2 高 8 位初值/捕捉值							
TL2	CCH	T2 低 8 位定时/计数值							
TH2	CDH	T2 高 8 位定时/计数值							

T0 和 T1 功能相似，与 T0 有关的寄存器位是 M1_0、M0_0、C/T0、GATE0、TR0 和 TF0，与 T1 有关的寄存器位是 M1_1、M0_1、C/T1、GATE1、TR1 和 TF1，各位的作用如下：

① M1、M0：工作方式选择，T0 和 T1 的 4 种工作方式如表 1.5 所示。

表 1.5　MCS51 T0 和 T1 的 4 种工作方式

M1	M0	工作方式	功能说明
0	0	0	13 位定时/计数器（主频 12MHz 时的最大定时时间为 8.192ms）
0	1	1	16 位定时/计数器（主频 12MHz 时的最大定时时间为 65.536ms）
1	0	2	8 位自动重装初值定时/计数器（最大定时时间为 256μs）
1	1	3	T0 分为 2 个 8 位定时/计数器，T1 停止计数

方式 0 和方式 1 时，计数器溢出（定时时间到）时，程序必须重装初值。方式 2 可以自动重装初值，8 位初值在 TH 中，计数器溢出（定时时间到）时自动重装到 TL。

② C/T：计数/定时选择，0-定时，1-计数。

③ GATE：门控，0-启动与外部中断无关，1-启动与外部中断相关。

④ TR：运行控制，0-停止定时/计数，1-启动定时/计数。

⑤ TF：溢出标志，0-无溢出，1-溢出（定时/计数值从最大值变为 0，定时时间到。中断响应时自动清零，否则软件清零）。

13 位定时初值（高 8 位在 TH 中，低 5 位在 TL 中）与定时时间的关系是：

定时初值=8192-定时时间×系统主频/12

定时初值 / 32　商放入 TH　余数放入 TL

16 位定时初值（高 8 位在 TH 中，低 8 位在 TL 中）与定时时间的关系是：

定时初值=65536-定时时间×系统主频/12

定时初值 / 256　商放入 TH　余数放入 TL

T2 是 8052 在 8051 基础上增加的定时器，与 T2 有关的寄存器位是 CP/RL2、C/T2、RCLK、TCLK、TR2 和 TF2 等，部分寄存器位的作用如下：

① CP/RL2：捕捉/自动重装选择，0-自动重装方式，1-捕捉方式。

② TCLK：发送时钟选择，0-T1 作为串口发送时钟。1-T2 作为串口发送时钟。

③ RCLK：接收时钟选择，0-T1 作为串口接收时钟。1-T2 作为串口接收时钟。

T2 的 3 种工作方式如表 1.6 所示。

表 1.6　MCS51 T2 的 3 种工作方式

TCLK 或 RCLK	CP/RL2	功 能 说 明
0	0	16 位自动重装方式（主频 12MHz 时的最大定时时间为 65.536ms）
0	1	16 位捕捉方式
1	x	串行口波特率发生器

T2 的方式 0 为 16 位自动重装方式，初值与定时时间的关系与 T0 和 T1 的方式 1 相同，只不过 16 位初值分别在 RCAP2H 和 RCAP2L 中，计数器溢出（定时时间到）时自动重装到 TH2 和 TL2。

（3）串行口

MCS51 有 1 个串行口，与串行口相关的特殊功能寄存器（SFR）如表 1.7 所示。

表 1.7　MCS51 串行口相关特殊功能寄存器

名　称	地　址	D7	D6	D5	D4	D3	D2	D1	D0
PCON	87H	SMOD	-	-	-	GF1	GF0	PD	IDL
SCON	98H	SM0	SM1	SM2	REN	TB8	RB8	TI	RI
SBUF	99H	串行口 8 位数据							

常用的寄存器位是 SM0、SM1、REN、TI、RI 和 SMOD，各寄存器位的作用如下。

① SM1、SM0：工作方式选择，4 种工作方式如表 1.8 所示。

表 1.8　MCS51 串行口的 4 种工作方式

SM0　SM1	工 作 方 式	功 能 说 明
0　0	0	移位寄存器扩展
0　1	1	8 位 UART，波特率可变
1　0	2	9 位 UART，波特率为主频/32 或主频/64
1　1	3	9 位 UART，波特率可变

② REN：接收使能。

③ TI：发送标志，发送完成时由硬件置位，必须由软件复位。

④ RI：接收标志，接收完成时由硬件置位，必须由软件复位。

⑤ SMOD：波特率选择，1-波特率加倍。

串行口常用的工作方式是方式 1，可以用 T1（T2CON 中的 RCLK 和 TCLK 均为 0）或 T2（T2CON 中的 RCLK 或 TCLK 不为 0）作为波特率发生器，通常用 T2 作为波特率发生器，此时定时初值（RCAP2H 和 RCAP2L）和波特率的关系是：

$$定时初值=65536-系统主频/波特率/32$$

$$波特率=系统主频/(65536-定时初值)/32$$

定时初值的取值范围是 0～65535，系统主频为 12MHz 时波特率的取值范围是 6～375000bit/s。

（4）中断

MCS51 有 6 个中断源：INT0、T0、INT1、T1、UART 和 T2，如表 1.9 所示。

表 1.9 MCS51 中断源信息

中 断 源	中 断 号	中断向量地址	中断请求标志位	中断允许控制位	中断优先级设置
INT0	0	0003H	IE0	EX0/EA	PX0
T0	1	000BH	TF0	ET0/EA	PT0
INT1	2	0013H	IE1	EX1/EA	PX1
T1	3	001BH	TF1	ET1/EA	PT1
UART	4	0023H	RI+TI	ES/EA	PS
T2	5	002BH	TF2	ET2/EA	PT2

与中断相关的特殊功能寄存器（SFR）如表 1.10 所示。

表 1.10 MCS51 中断相关特殊功能寄存器

名 称	地 址	D7	D6	D5	D4	D3	D2	D1	D0
IE	A8H	EA	-	ET2	ES	ET1	EX1	ET0	EX0
IP	B8H	-	-	PT2	PS	PT1	PX1	PT0	PX0

中断允许寄存器（IE）中中断允许位（EX0 等）为 0 时禁止相应中断，为 1 时允许相应中断。EA 为 0 时禁止所有中断，为 1 时允许所有中断。

中断优先级寄存器（IP）中中断优先级位（PX0 等）为 0 时是低优先级中断，为 1 时是高优先级中断。

中断处理函数的一般形式为：

```
void 函数名(void) interrupt n [using m]
```

其中 n 是中断号（0～5），编译器从 8n+3 处产生中断入口地址。m 用来选择工作寄存器组（0～3）。using 是可选项，不选时编译器自动选择工作寄存器组。

应该特别注意，在任何情况下都不能直接调用中断处理函数，因此它不能进行参数传递，也没有返回值。

1.1.2 IAP15 单片机简介

IAP15 系列 8 位单片机是宏晶科技推出的自带仿真器的单时钟/机器周期（1T）MCS51 兼容单片机，内部集成高精度 R/C 时钟，时钟频率可在 5～28MHz 范围内设置，FLASH 最大容量为 61KB，SRAM 最大容量为 2KB，有 42 根 I/O 线（LQFP44 封装），2～5 个 16 位定时/计数器，1～4 个全双工串行口（UART），1 个 SPI 接口，8 路高速 10 位 ADC，3 路 CCP/PWM/PCA，10～21 个 2 优先级中断源。IAP15 系列单片机性能对照表如表 1.11 所示。

表 1.11 IAP15 系列单片机性能对照表

型号	工作电压	SRAM 容量	FLASH 容量	并行口	定时/计数器	UART	SPI	ADC	中断源
IAP15W205S	2.5～5.5V	256B	5KB	14	2	1	-	-	10
IAP15W413S	2.5～5.5V	512B	13KB	26	2	1	1	-	12
IAP15W413AS	2.5～5.5V	512B	13KB	26	2	1	1	8	13
IAP15W1K29S	2.6～5.5V	1KB	29KB	42	3	1	1	-	12

续表

型号	工作电压	SRAM 容量	FLASH 容量	并行口	定时/计数器	UART	SPI	ADC	中断源
IAP15L2K61S	2.4～3.6V	2KB	61KB	42	3	1	1	-	12
IAP15F2K61S	4.5～5.5V	2KB	61KB	42	3	1	1	-	12
IAP15L2K61S2	2.4～3.6V	2KB	61KB	42	3	2	1	8	14
IAP15F2K61S2	4.5～5.5V	2KB	61KB	42	3	2	1	8	14
IAP15W4K58S4	2.5～5.5V	4KB	58KB	62	5	4	1	8	21
IAP15W4K61S4	2.5～5.5V	4KB	61KB	62	5	4	1	8	21

本书以 IAP15F2K61S2 为例介绍 IAP15 系列单片机的原理与应用。

IAP15 系列单片机的特殊功能寄存器（SFR）如表 1.12 所示。

表 1.12　IAP15 系列单片机特殊功能寄存器

名称	地址	D7	D6	D5	D4	D3	D2	D1	D0
P0	80H	P07	P06	P05	P04	P03	P02	P01	P00
PCON	87H	SMOD	SMOD0	LVDF	POF	GF1	GF0	PD	IDL
TCON	88H	TF1	TR1	TF0	TR0	IE1	IT1	IE0	IT0
TMOD	89H	GATE1	C/T1	M1_1	M0_1	GATE0	C/T0	M1_0	M0_0
TL0	8AH	T0 低 8 位定时/计数值							
TL1	8BH	T1 低 8 位定时/计数值							
TH0	8CH	T0 高 8 位定时/计数值							
TH1	8DH	T1 高 8 位定时/计数值							
AUXR	8EH	T0x12	T1x12	UART_M0x6	T2R	T2_C/T	T2x12	EXTRAM	S1ST2
INT_CLKO AUXR2	8FH	-	EX4	EX3	EX2	MCKO_S2	T2CLKO	T1CLKO	T0CLKO
P1	90H	P17	P16	P15	P14	P13	P12	P11	P10
P1M1	91H	P1M17	P1M16	P1M15	P1M14	P1M13	P1M12	P1M11	P1M10
P1M0	92H	P1M07	P1M06	P1M05	P1M04	P1M03	P1M02	P1M01	P1M00
P0M1	93H	P0M17	P0M16	P0M15	P0M14	P0M13	P0M12	P0M11	P0M10
P0M0	94H	P0M07	P0M06	P0M05	P0M04	P0M03	P0M02	P0M01	P0M00
P2M1	95H	P2M17	P2M16	P2M15	P2M14	P2M13	P2M12	P2M11	P2M10
P2M0	96H	P2M07	P2M06	P2M05	P2M04	P2M03	P2M02	P2M01	P2M00
CLK_DIV PCON2	97H	MCKO_S1	MCKO_S0	ADRJ	Tx_Rx	Tx2_Rx2	CLKS2	CLKS1	CLKS0
SCON	98H	SM0/FE	SM1	SM2	REN	TB8	RB8	TI	RI
SBUF	99H	串行口 1　8 位数据							
S2CON	9AH	S2SM0	1	S2SM2	S2REN	S2TB8	S2RB8	S2TI	S2RI
S2BUF	9BH	串行口 2　8 位数据							
P1ASF	9DH	P17ASF	P16ASF	P15ASF	P14ASF	P13ASF	P12ASF	P11ASF	P10ASF
P2	A0H	P27	P26	P25	P24	P23	P22	P21	P20

续表

名称	地址	D7	D6	D5	D4	D3	D2	D1	D0
AUXR1 P_SW1	A2H	S1_S1	S1_S0	CCP_S1	CCP_S0	SPI_S1	SPI_S0	0	DPS
IE	A8H	EA	ELVD	EADC	ES	ET1	EX1	ET0	EX0
IE2	AFH	-	-	-	-	-	ET2	ESPI	ES2
P3	B0H	P37	P36	P35	P34	P33	P32	P31	P30
P3M1	B1H	P3M17	P3M16	P3M15	P3M14	P3M13	P3M12	P3M11	P3M10
P3M0	B2H	P3M07	P3M06	P3M05	P3M04	P3M03	P3M02	P3M01	P3M00
P4M1	B3H	P4M17	P4M16	P4M15	P4M14	P4M13	P4M12	P4M11	P4M10
P4M0	B4H	P4M07	P4M06	P4M05	P4M04	P4M03	P4M02	P4M01	P4M00
IP2	B5H	-	-	-	-	-	-	PSPI	PS2
IP	B8H	PPCA	PLVD	PADC	PS	PT1	PX1	PT0	PX0
P_SW2	BAH	-	-	-	-	-	-	-	S2_S
ADC_CONTR	BCH	ADC_ POWER	SPEED1	SPEED0	ADC_ FLAG	ADC_ ATART	CHS2	CHS1	CHS0
ADC_RES	BDH	ADC 转换结果高位							
ADC_RESL	BEH	ADC 转换结果低位							
P4	C0H	P47	P46	P45	P44	P43	P42	P41	P40
P5	C8H	-	-	P55	P54	-	-	-	-
P5M1	C9H	-	-	P5M15	P5M14	-	-	-	-
P5M0	CAH	-	-	P5M05	P5M04	-	-	-	-
SPSTAT	CDH	SPIF	WCOL	-	-	-	-	-	-
SPCTL	CEH	SSIG	SPEN	DORD	MSTR	CPOL	CPHA	SPR1	SPR0
SPDAT	CFH	SPI 8 位数据							
T2H	D6H	T2 高 8 位定时/计数值							
T2L	D7H	T2 低 8 位定时/计数值							

和 MCS51 相比，IAP15 主要在以下几个方面进行了改进。

① 并行口增加了模式配置，包括准双向口/弱上拉（标准 51 模式，复位值）、推挽输出/强上立、高阻输入或开漏输出。

② 定时/计数器增加了定时脉冲频率选择，包括系统主频的 12 分频（标准 51 模式，复位值）或系统主频；T0 和 T1 的工作方式 0 修改为 16 位自动重装初值定时/计数器，T0 的工作方式 3 修改为不可屏蔽 16 位自动重装初值定时/计数器；T2 的工作方式固定为 16 位自动重装方式，可以乍为定时器使用，也可以作为串行口的波特率发生器和可编程时钟输出（T2CLKO）。

③ 串行口（UART）增加到 2 个，并增加了引脚切换功能。

④ 增加了 SPI 和 ADC 等功能。

⑤ 中断源增加到了 14 个。

详细功能介绍参见第 2 章。

1.1.3 单片机竞赛实训平台资源介绍

单片机竞赛实训平台由北京四梯科技有限公司设计和生产，实物图、方框图、连接关系和电路图参见附录 A。

1.2 开发环境与工具

单片机的开发环境与工具主要有 Keil C51 集成开发环境（IDE）、STC-ISP 和 Proteus 仿真工具等。

1.2.1 Keil C51

Keil C51 是美国 Keil Software 公司出品的 51 系列兼容单片机 C 语言软件开发系统，提供包括 C 编译器、宏汇编、链接器、库管理和功能强大的仿真调试器在内的完整开发方案，通过集成开发环境（IDE）将这些部分组合在一起。Keil 兼容 C 语言和汇编语言，与汇编语言相比，C 语言在功能、结构性、可读性和可维护性上有明显的优势，因而易学易用。

开发人员可用 IDE 本身或其他编辑器编辑 C 语言（C51）或汇编语言（A51）源文件，然后分别由 C51 及 A51 编译器编译生成目标文件（.obj），再由 LIB51 创建生成库文件，也可以与库文件一起经 L51 连接生成绝对目标文件（.abs），abs 文件由 OH51 转换成标准的十六进制文件（.hex），以供调试器进行源代码级调试，也可由仿真器直接对目标板进行调试，还可以直接写入程序存储器中。

Keil μVision5 集成开发环境 V9.56 的安装文件是“Keil.C51.V9.56.exe”，双击该文件启动安装，将 Keil C51 安装在“C:\Keil_v5”文件夹中。

Keil μVision5 集成开发环境的打开方法是：在 Windows 操作系统“开始”菜单下的“所有程序”中找到“Keil uVision5”程序，或单击桌面上的“Keil uVision5”图标，运行“Keil uVision5”，进入 Keil μVision5 集成开发环境主界面。

下面以“2.1 LED”为例，介绍 Keil μVision5 集成开发环境的使用。

① 单击“Project”菜单下的“New μVision Project…”菜单项启动新工程的建立，出现创建新工程对话框。为了便于工程管理，对于每个工程可以新建一个文件夹，例如本例中新建文件夹“D:\MCS51\201_LED”，进入“201_LED”文件夹后在文件名文本框中输入工程名称（例如“IAP15”），如图 1.1 所示。

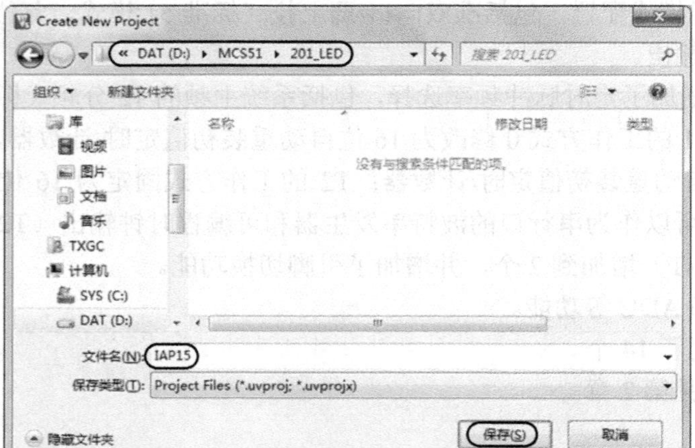

图 1.1 新建工程对话框

② 单击“保存(S)”按钮，出现选择器件对话框，选择任何 MCS51 兼容的单片机（例如“Intel”公司的“8031AH”单片机，如图 1.2 所示。

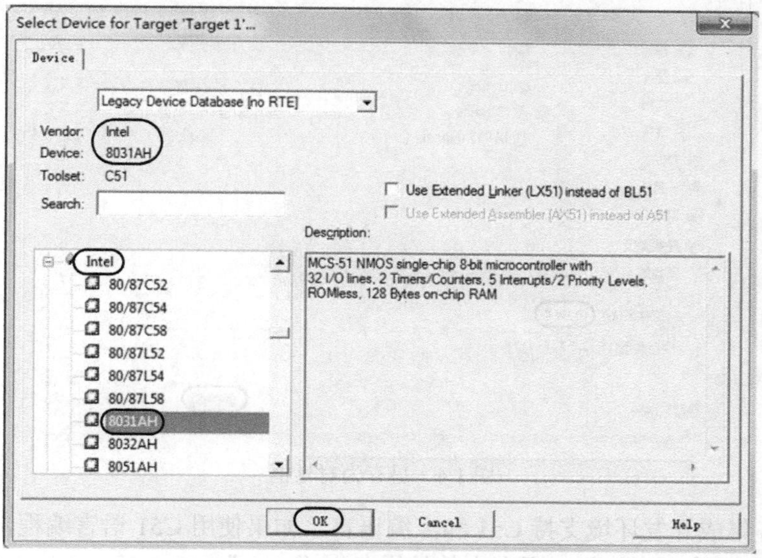

图 1.2　选择器件对话框

③ 单击“OK”按钮，提示是否加载启动代码，单击“否(N)”按钮，出现集成开发环境主界面，界面左侧的工程区出现“Target 1”文件夹，展开“Target 1”，出现下一级文件夹“Source Group 1”，如图 1.3 所示。

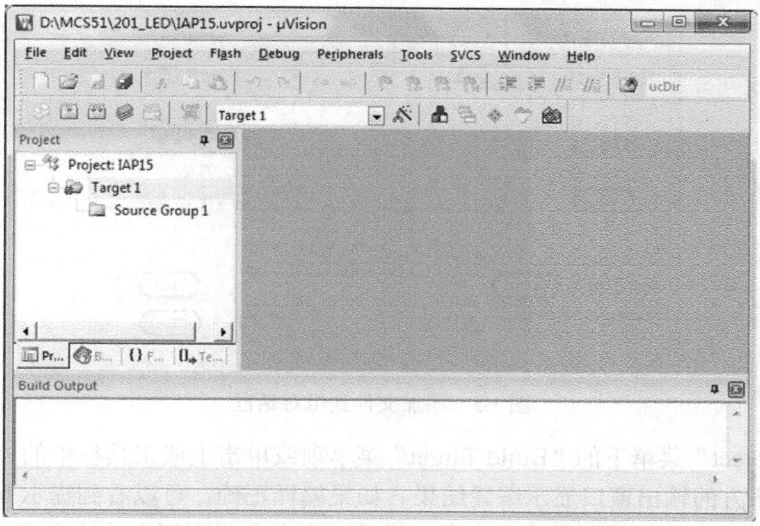

图 1.3　建立工程后的集成开发环境主界面

④ 单击“File”菜单下的“New...”菜单项或单击文件工具栏中的“New”按钮，新建文件“Text1”，在“Text1”中输入或复制“2.1 LED”中的程序，单击“File”菜单下的“Save”菜单项或单击文件工具栏中的“Save”（保存）按钮，打开另存为对话框，在另存为对话框的文件名中输入文件名“main.c”，单击“保存(S)”按钮保存文件，如图 1.4 所示。也可先保存文件，再编写程序，这样可以使程序中的关键字或常数等以特殊颜色显示。

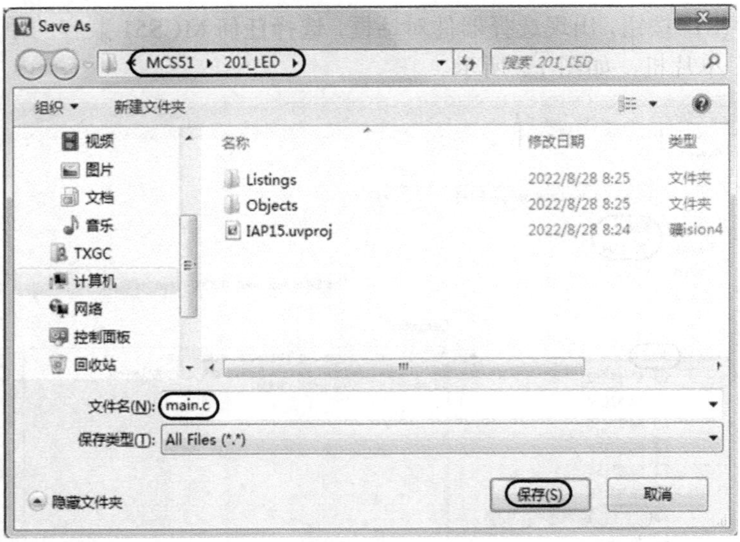

图 1.4　另存为对话框

Keil uVsion5 集成开发环境支持 C51 和汇编语言，如果使用 C51 语言编程，保存文件扩展名为“.c”；如果使用汇编语言编程，保存文件扩展名为“.asm”。

⑤ 保存文件后，还需要将该文件添加到工程中，方法是：右击“Source Group 1”文件夹，在弹出的菜单中单击“Add Files to Group 'Source Group 1'”，出现添加文件到组对话框，选择其中的“main.c”文件，单击“Add”按钮将“main.c”文件添加到工程中，单击“Close”按钮关闭添加文件到组对话框，如图 1.5 所示。

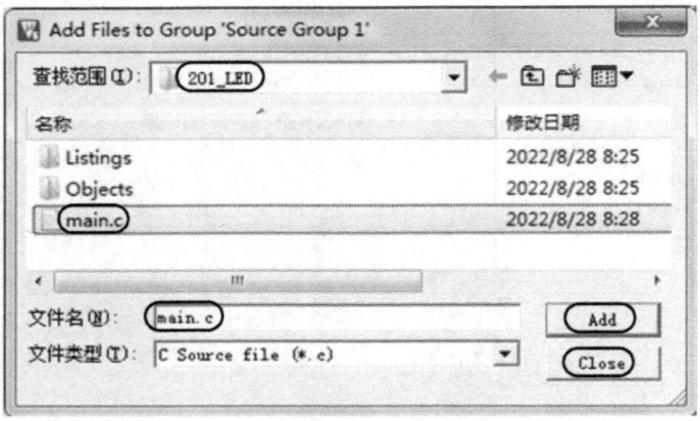

图 1.5　添加文件到组对话框

⑥ 单击“Project”菜单下的“Build Target”菜单项或单击生成工具栏中的“Build”按钮编译工程，主界面下方的输出窗口显示编译结果。如果编译正确，可以看到提示 0 个错误与 0 个警告，如图 1.6（a）所示；如果源程序中有语法错误，会在主界面下方的输出窗口中提示发生错误或者警告，如图 1.6（b）所示（注释掉 LED 定义后的编译结果），双击某一行，根据错误提示信息查找并纠正错误后重新编译，直到编译正确为止。

⑦ 编译正确后，单击“Debug”菜单下的“Start/Stop Debug Session”菜单项或单击文件工具栏中“Start/Stop Debug Session”按钮进入调试界面，如图 1.7 所示。

调试界面的左侧显示相关寄存器（Registers）的内容，比如 r0～r7、a、b、sp、dptr、pc 和 psw 等，可以通过观察这些寄存器内容的变化判断程序功能的正确性。调试界面的右侧上方显示反汇编（Disassembly）结果，可以关闭。

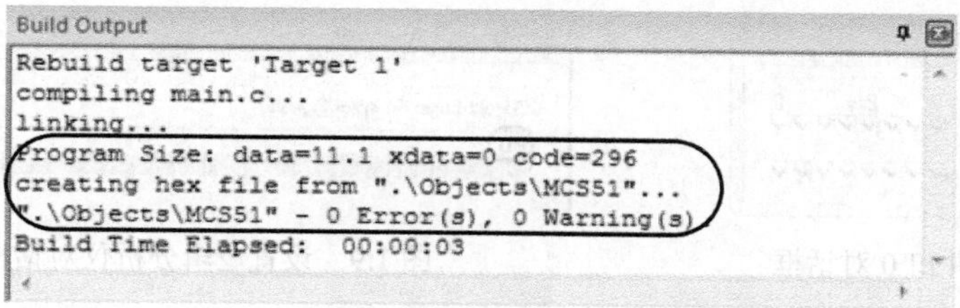

（a）编译正确

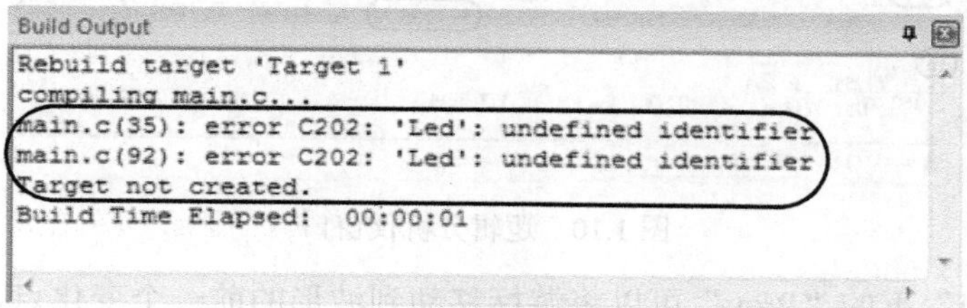

（b）编译错误

图 1.6　编译结果

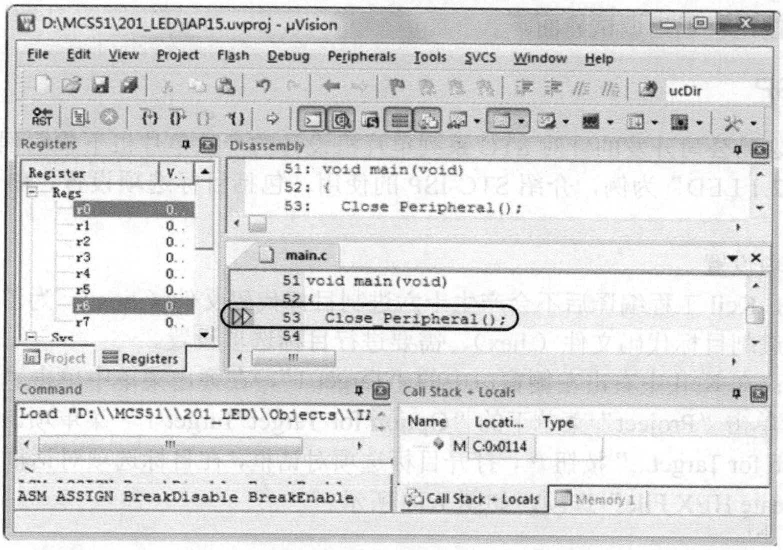

图 1.7　调试界面

⑧ 单击“Peripherals”菜单下“IO-Ports”中的“Port 0”菜单项，打开并口 0 对话框，如图 1.8 所示。

⑨ 单击调试工具栏中的“Analysis Windows”按钮 打开逻辑分析仪窗口，单击窗口左上角的“Setup”按钮打开设置逻辑分析仪对话框，单击对话框右上角的“New (Insert)”按钮 新建信号，输入“P0”，单击“Close”关闭设置逻辑分析仪对话框，如图 1.9 所示。

⑩ 单击“Debug”菜单下的“Run”菜单项或单击调试工具栏中的“Run”按钮 运行程序，并口 0 对话框中 P0 的值变化，逻辑分析仪窗口出现波形；单击“Debug”菜单下的“Stop”菜单项或单击调试工具栏中的“Stop”按钮 停止程序，逻辑分析仪窗口如图 1.10 所示，右击“P0”，在弹出菜单中可以选择信号显示类型“Analog”（模拟）、“Bit”（位）或“State”（状态），也可以选择“Hexadecimal Values”（十六进制值）。

为了看清信号波形，可以单击“Zoom”下的“In”按钮放大波形，单击“Out”按钮缩小波形，单击“All”按钮显示所有波形。

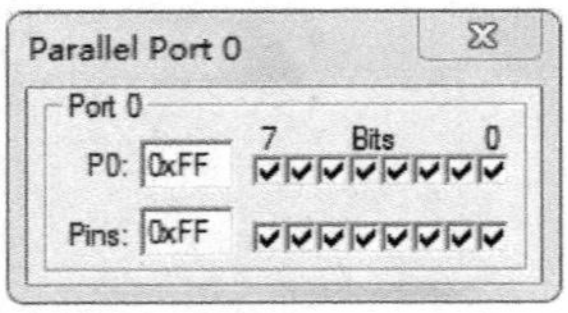

图 1.8　并口 0 对话框

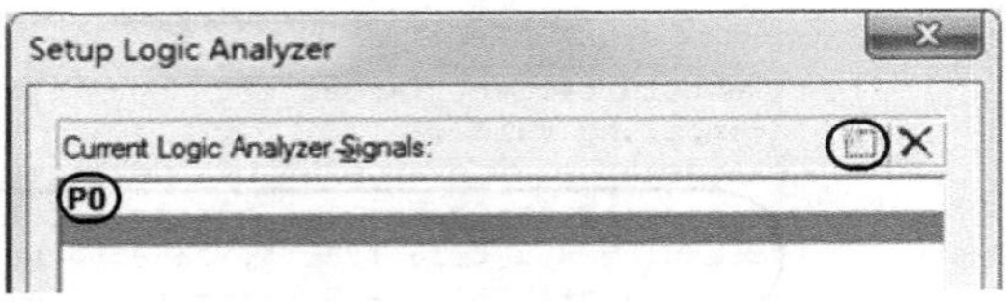

图 1.9　设置逻辑分析仪对话框

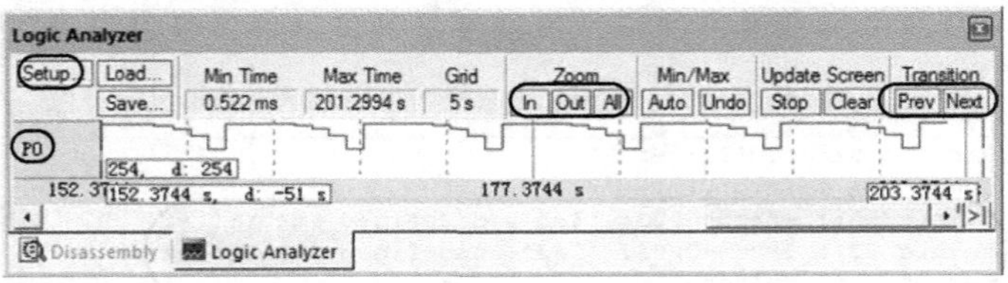

图 1.10　逻辑分析仪窗口

单击“Transition”下的“Prev”可以将游标移动到波形的前一个变化点，单击“Next”将游标移动到波形的后一个变化点。

单击“Debug”菜单下的“Start/Stop Debug Session”菜单项或单击文件工具栏中“Start/ Stop Debug Session”按钮退出调试界面。

1.2.2　STC-ISP

STC-ISP 是宏晶公司开发的针对 STC 系列单片机设计的一款单片机下载编程烧录软件。

下面再以“2.1 LED”为例，介绍 STC-ISP 的使用，包括目标选项设置、串口识别和程序下载等。

（1）目标选项设置

默认情况下，Keil 工程编译后不会产生十六进制目标代码文件（.hex），为了使工程项目编译后自动生成十六进制目标代码文件（.hex），需要进行目标选项设置。

具体方法是：在 Keil 中右击左侧窗口中的“Target 1”，在弹出菜单中单击“Option for Target 'Target 1'”，或者单击“Project”菜单下的“Option for Target 'Target 1'”菜单项，或者单击生成工具栏中的“Option for Target...”按钮，打开目标选项对话框，在目标选项对话框中单击“Output”标签，选择“Create HEX File”选项，如图 1.11 所示。

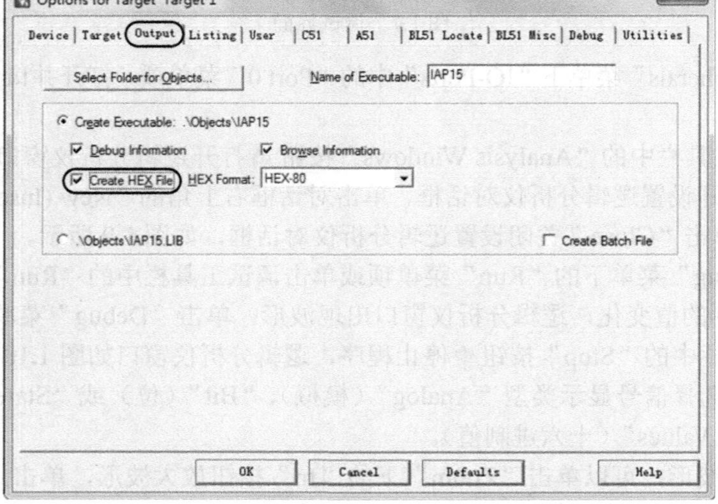

图 1.11　输出选项设置

顺便在“C51”标签的“Define”后输入预处理定义“IAP15”，如图 1.12 所示。

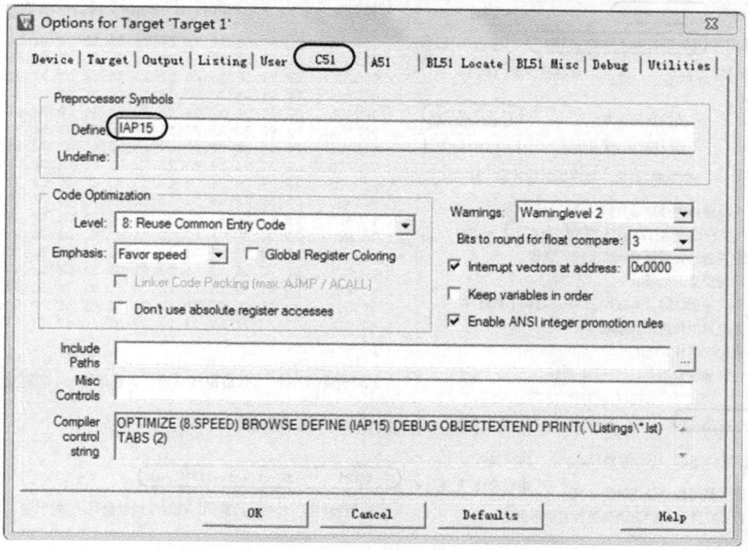

图 1.12　预处理定义

单击“Debug”标签，默认使用仿真器（Use Simulator）调试。

设置完成后，重新编译工程，在工程所在文件夹的“Objects”文件夹中可以找到生成的 HEX 文件，文件名和工程名相同。

（2）USB 转接串口号识别

电脑和实训平台的通信通过 USB 转接串口实现，将实训平台通过 USB 与电脑相连，Windows 会自动安装驱动程序，如果不能自动安装，可以执行 CH341SER.exe 手动安装。

在“计算机管理”的“系统工具”中单击“设备管理器”，打开设备管理器，展开“端口（COM 和 LPT）”，可以查看 USB 转接的串口号，如图 1.13 所示。

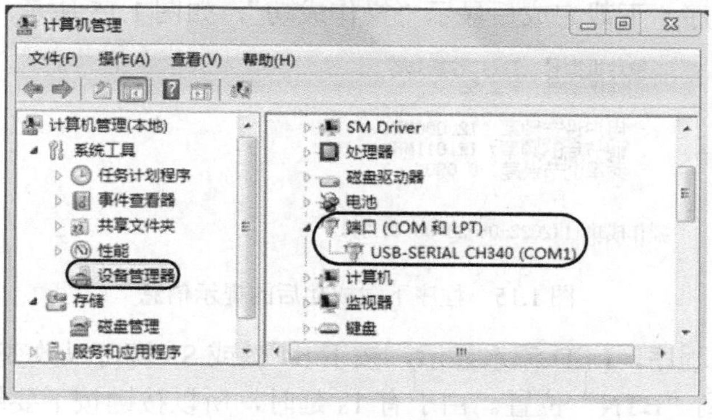

图 1.13　查看串口号

记住这个串口号（COM1：实际串口号可能不同），在接下来的 STC-ISP 软件中，设置的串口号必须和这里查看的串口号一致（实际上 STC-ISP 可以自动识别这个串口号）。

（3）STC-ISP 程序下载

STC-ISP 的执行文件是 stc-isp-15xx-v6.88.exe，程序下载步骤如下：

① 打开下载界面：双击 stc-isp-15xx-v6.88.exe 运行程序，出现如图 1.14 所示界面。

② 选择芯片型号：在左上方的“芯片型号”下拉列表中选择芯片型号，实训平台上的芯片型号为“IAP15F2K61S2”。

图 1.14　STC-ISP 界面

③ 确认串口号与计算机系统识别一致：将实训平台通过 USB 与计算机相连，在“串口号”下拉列表中选择“USB-SERIAL CH340 (COM1)”。

④ 打开程序文件：单击“打开程序文件”按钮，打开工程文件夹“D:\MCS51\201_LED”下“Objects”文件夹中的“MCS51.hex”文件，界面右上方的程序文件标签中出现加载的十六进制程序代码。

⑤ 选择 IRC 频率：在“硬件选项”中选择 IRC 频率为“12.000”MHz。

⑥ 下载程序代码：单击界面左下方的“下载/编程”按钮，界面右下方显示“正在检测目标单片机”，按一下实训平台上的“DownLoad”按键，STC-ISP 检测到单片机，显示当前芯片的硬件选项，并开始下载程序，下载完成后显示“操作成功”，如图 1.15 所示。

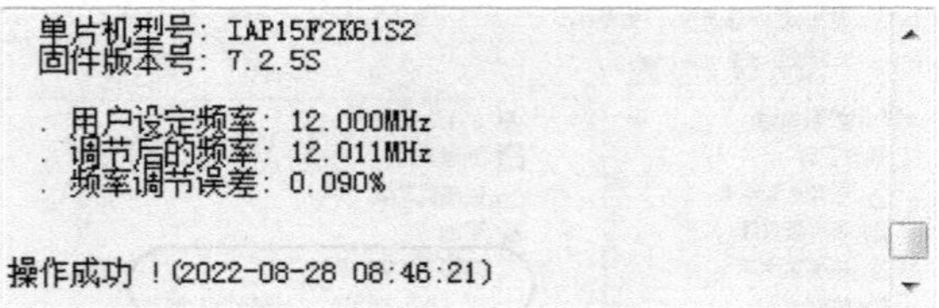

图 1.15　程序下载成功后的提示信息

同时实训平台运行程序，LED 流水显示，按下 S4 键或 S5 键可以改变流水灯方向。

注意：将 J5 跳接到“BTN”位置。由于有 1s 延时，所以按键按下要超过 1s。如果流水灯的延时不是 1s，是因为没有定义预处理符号“IAP15”（参见图 1.12）。

如果操作不成功，请检查是否正确安装了驱动程序，可以打开设备管理器查看是否正确分配了串口号，且 STC-ISP 软件中设置的串口号是否和设备管理器查看到的串口号一致。

STC-ISP 除了具有程序下载功能外，还有其他实用功能，例如仿真设置、串口助手、波特率计算器、定时器计算器和软件延时计算器等，这些功能的使用将在后续章节中介绍。

1.2.3　IAP15F2K61S2 程序调试方法

程序调试是程序设计的重要步骤，通过调试，不仅可以验证程序的功能，更重要的是发现和纠正程序中的功能错误。

（1）安装 Keil 版本的 STC 仿真驱动

在 STC-ISP 右上方选择“Keil 仿真设置”标签，单击“添加型号和头文件到 Keil 中”按钮，打开浏览文件夹对话框，在对话框中选择 Keil 安装文件夹“C:\Keil_v5”，单击“确定”按钮，STC-ISP 提示“STC MCU 型号添加成功！”，如图 1.16 所示。

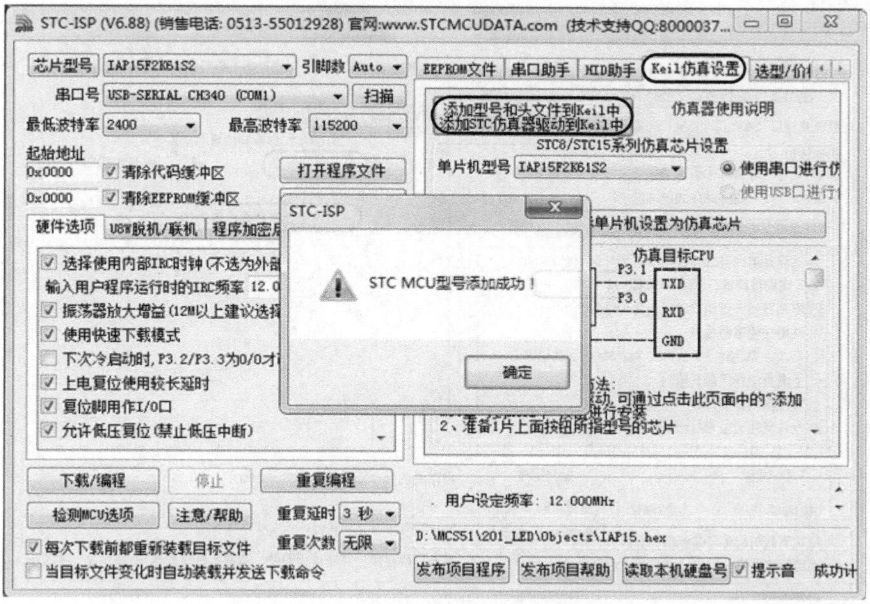

图 1.16　Keil 仿真设置界面

STC MCU 添加成功后，“C:\Keil_v5\C51\BIN”文件夹中出现 STC Monitor51 仿真驱动程序“stcmon51.dll”，同时“C:\Keil_v5\C51\INC\STC 文件夹中出现 STC 头文件，在 Keil 中新建工程选择芯片型号时，便会有“STC MCU Database”选项，从 MCU 列表中选择 MCU 型号（目前 STC 支持仿真的型号只有 STC15F2K60S2），如图 1.17 所示。

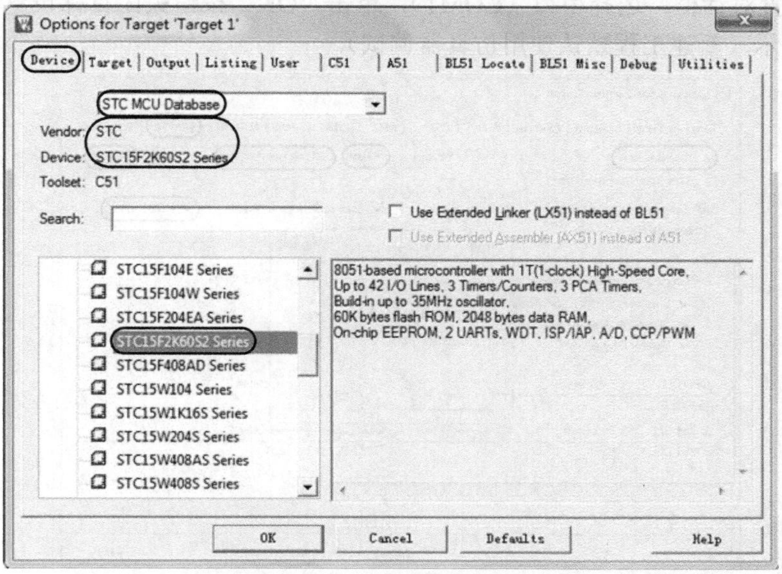

图 1.17　选择器件对话框

（2）设置仿真芯片 IAP15F2K61S2

在“Keil 仿真设置”标签中选择正确的单片机型号“IAP15F2K61S2”，单击“将所选目标单片机设置为仿真芯片”按钮，界面右下方显示“正在检测目标单片机”，按一下实训平台上的“DownLoad”按键，STC-ISP 检测到单片机，显示当前芯片的硬件选项，并开始下载仿真程序，下载完成后显示“操作成功”，仿真芯片设置完成，如图 1.18 所示。

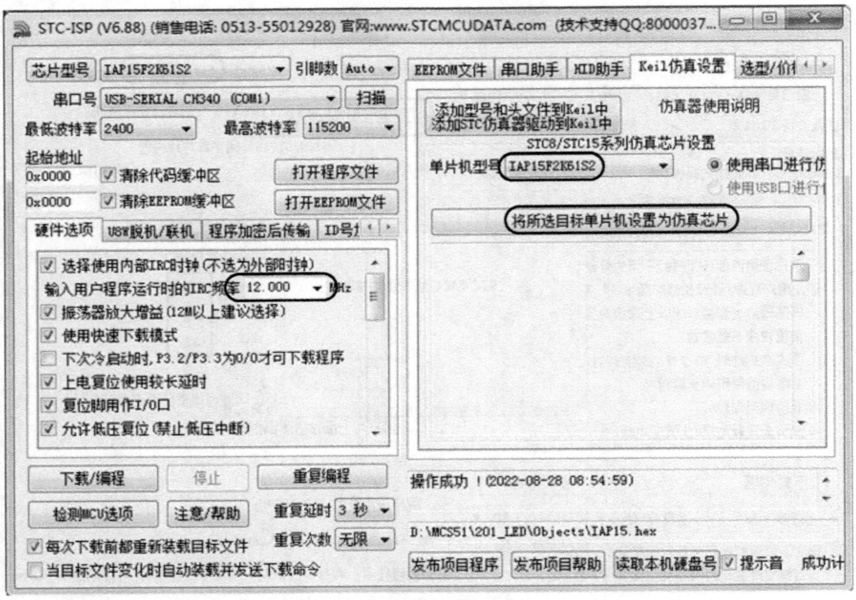

图 1.18　设置仿真芯片

将单片机设置为仿真芯片后，由于没有用户程序，所以单片机处于初始状态。

（3）硬件仿真驱动选择

在 Keil 中打开“201_LED”工程，在目标选项对话框中选择“Debug”标签，选择右侧的“Use:”，从驱动下拉列表中选择“STC Monitor-51 Driver”，选择“Run to main()”选项，单击“Settings”按钮打开目标设置对话框，选择串口（COM1），单击“OK”按钮关闭目标设置和目标选项对话框，如图 1.19 所示（新建工程默认使用仿真器调试）。

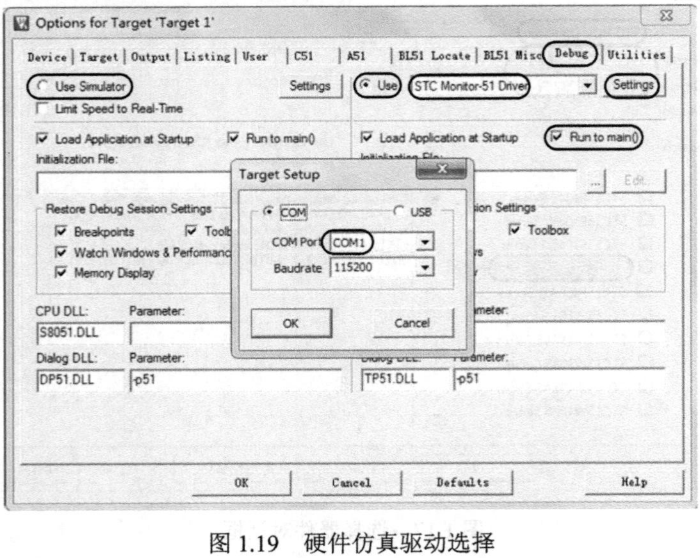

图 1.19　硬件仿真驱动选择

（4）开始仿真调试

编译工程，编译正确后，单击“Debug”菜单下的“Start/Stop Debug Session”菜单项或单击文件工具栏中的“Start/Stop Debug Session”按钮，将编译结果下载到 MCU，然后进入调试界面，程序停在第 1 条语句，如图 1.20 所示。

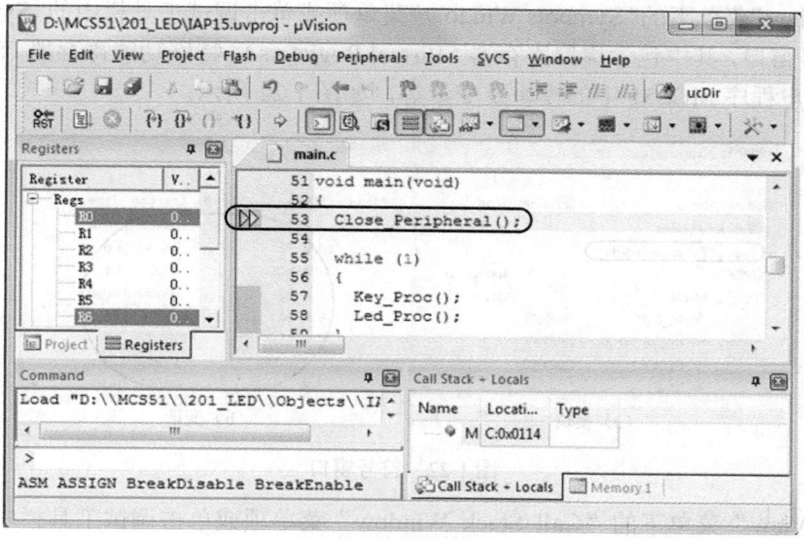

图 1.20　调试界面

调试界面中的调试工具栏如图 1.21 所示，其中包含调试按钮和查看按钮。

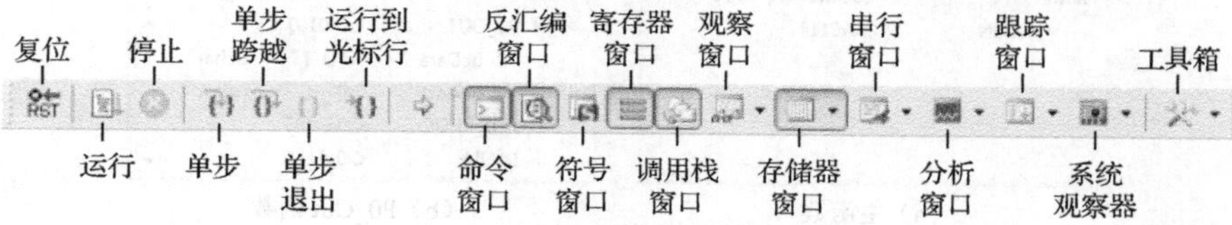

图 1.21　调试工具栏

调试按钮的使用方法如下：

① 单击“Debug”菜单下的“Run”菜单项或单击调试工具栏中的“Run”按钮运行程序，实训平台上的 L1～L8 流水显示。

② 单击“Debug”菜单下的“Stop”菜单项或单击调试工具栏中的“Stop”按钮停止程序，实训平台上的 L1～L8 停止流水显示，程序停在语句 for(i=0; i<628; i++)。

③ 单击“Debug”菜单下的“Step Out”菜单项或单击调试工具栏中的“Step Out”按钮跳出延时子程序，回到主程序。

④ 单击“Debug”菜单下的“Step”菜单项或单击调试工具栏中的“Step”按钮 2 次，单步运行程序，进入 Key_Proc()函数。

⑤ 单击“Debug”菜单下的“Step Over”菜单项或单击调试工具栏中的“Step Over”按钮 3 次，单步运行按键处理函数，由于没有按键按下，所以不执行按键处理操作。

⑥ 单击“Debug”菜单下的“Step”菜单项或单击调试工具栏中的“Step”按钮，单步运行程序，进入并运行 Led_Proc()函数，由于 bDir 为 0，所以执行左环移操作。

⑦ 单击 Key_Proc()中的语句 bDir = 1，再单击“Debug”菜单下的“Run to Cursor Line”菜单项或单击调试工具栏中的“Run to Cursor Line”按钮运行程序，在实训平台上按下 S4 键，程序停止 bDir = 1 语句。

⑧ 单击 Key_Proc()中的语句 bDir = 0 的左侧设置断点，再单击“Run”按钮运行程序，在实训平台上按下 S5 键，程序停在断点处。

⑨ 单击取消断点。

常用查看按钮的使用方法如下：

① 单击“View”菜单下的“Symbols Window”菜单项或单击调试工具栏中的“Symbols Window”按钮打开符号窗口，其中包含虚拟寄存器（Virtual Registers）、特殊功能寄存器（Special Function Registers）和用户程序 MCS51 中的模块及变量等，如图 1.22 所示。

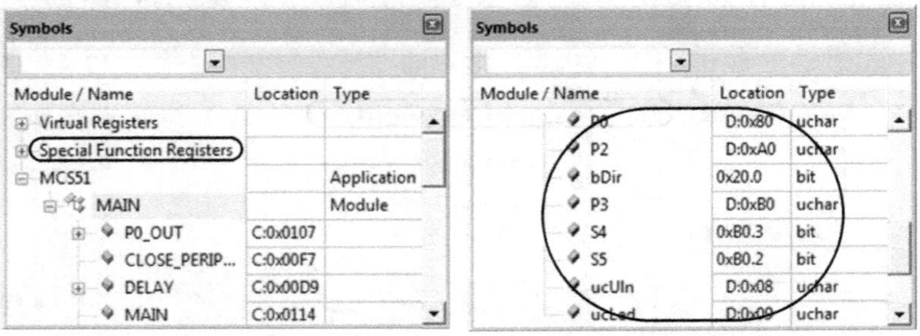

（a）模块　　（b）变量

图 1.22　符号窗口

② 单击“View”菜单下的“Call Stack Window”菜单项或单击调试工具栏中的“Call Stack Window”按钮打开调用栈窗口，如图 1.23 所示。

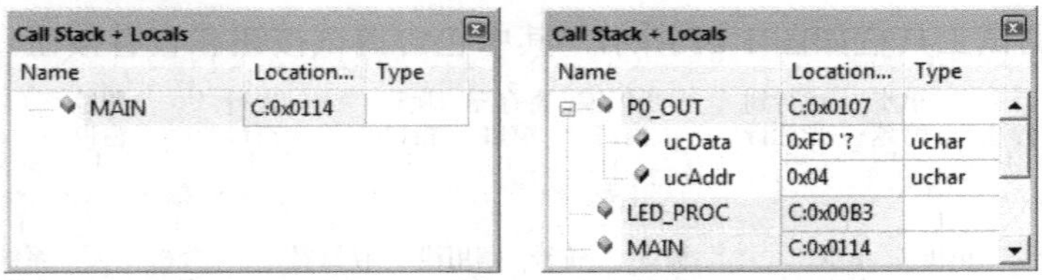

（a）主函数　　（b）P0_Out 函数

图 1.23　调用栈窗口

图 1.23（a）是在主函数的结果，图 1.23（b）是进入 P0_Out 函数的结果，其中包含程序调用顺序（MAIN 调用 LED_PROC，LED_PROC 再调用 P0_OUT）和 P0_Out 函数中的局部变量（ucData 和 ucAddr）及其值（0xFD 和 0x04）。

使用 STC 仿真调试时，在调试界面的 Debug 菜单中还会出现新的菜单项，如图 1.24（a）所示，其中包含 STC MCU 的所有片内设备，“All Ports”菜单项对应的“Ports”对话框如图 1.24（b）所示。

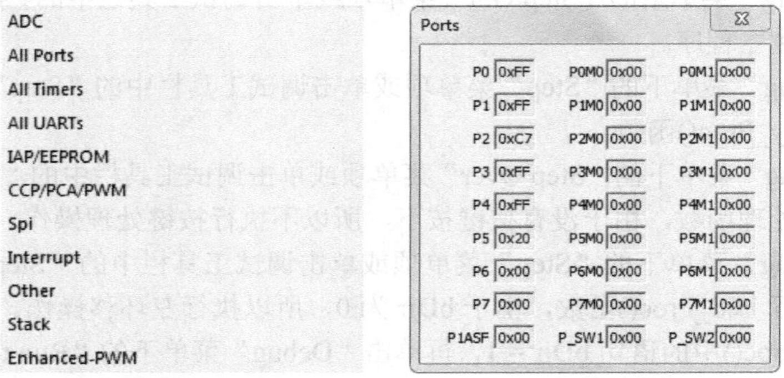

（a）Debug 新增菜单项　　（b）Ports 对话框

图 1.24　Debug 新增菜单项和 Ports 对话框

1.3 Proteus

Proteus 是英国 LabCenter Electronics 公司出版的 EDA 仿真软件，从原理图布图、代码调试、单片机与外围电路协同仿真到一键切换到 PCB 设计，真正实现了从概念到产品的完整设计。Proteus 是世界上唯一将电路仿真软件、PCB 设计软件和虚拟模型仿真软件三合一的设计平台，其处理器模型支持 8051、HC11、PIC10/12/16/18/24/30/DSPIC33、AVR、ARM、8086 和 MSP430 等，2010 年又增加了 Cortex 和 DSP 系列处理器，并持续增加其他系列处理器模型。在编译方面，它也支持 IAR、Keil 和 MATLAB 等多种编译器。

下面以 Proteus 8.6 SP2 为例介绍 Proteus 的使用，包括创建工程、绘制电路图以及运行和调试源代码等。

（1）创建工程

Proteus 创建工程的步骤如下：

① 在 Proteus 中单击“文件”（File）菜单下的“新建工程”菜单项，打开新建工程向导，在名称后输入“MCS51”，选择路径为“D:\MCS51\201_LED”，如图 1.25 所示。

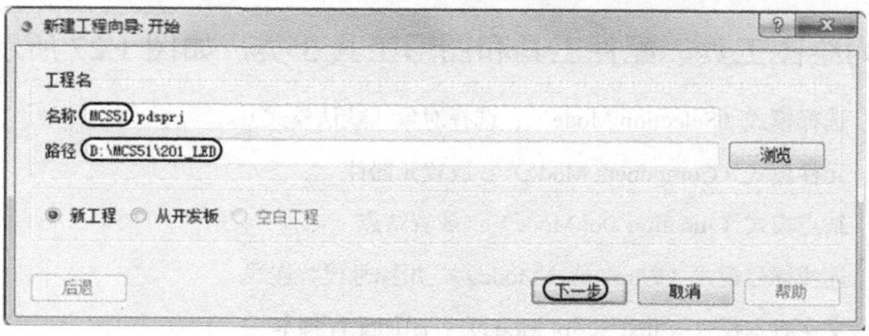

图 1.25　Proteus 新建工程向导：开始

注意：将 Proteus 工程文件和 Keil 工程文件放在一个文件夹中，可以共用源代码文件。

② 单击“下一步”按钮，选择“Landscape A4”。

③ 单击“下一步”按钮，选择“不创建 PCB 布板设计”。

④ 单击“下一步”按钮，选择“创建固件项目”，选择“8051”系列、“80C32”控制器和“Keil for 8051”编译器，取消“创建快速启动文件”选择，如图 1.26 所示。

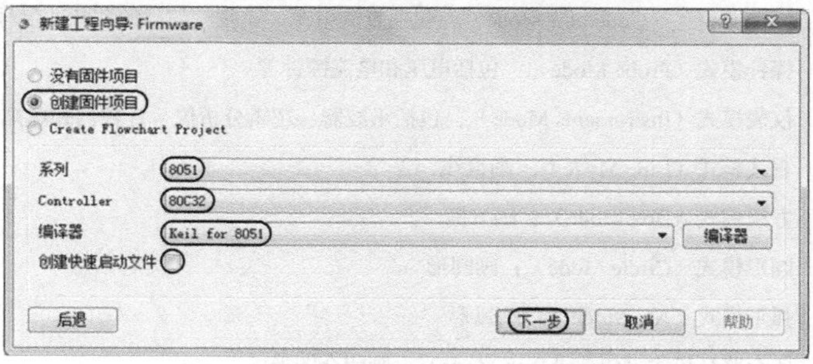

图 1.26　Proteus 新建工程向导：Firmware

⑤ 单击“下一步”按钮，显示总结界面，单击“完成”按钮，创建工程。

⑥ 在“源代码”（Source Code）标签中右击“工程”（Projects）下的“80C32(U1)”，在弹出菜单中选择“Project Settings”，在工程选项对话框中取消“Embed Files”选择。

（2）绘制原理图

Proteus 绘制原理图的步骤如下：

① 单击“原理图绘制”（Schematic Capture）标签，单击“库”（Library）菜单下的“从库选

择零件”（Pick parts from libraries）菜单项，或单击“原理图绘制”标签中的按钮P，打开“选择元器件”对话框，用表1.13所示名称作为关键字选择元器件。

表 1.13　实训平台元器件表

名称	标号	参数	名称	标号	参数
BUTTON	S4～S7		BUZZER	BUZ1	
CRYSTAL	X1	12MHz	CAPACITOR	C1，C2	22pF
DIODE	D1		LED-RED	L1～L8，L10	
RES	R24	1KΩ	RESPACK-8	RP1，RP2	10KΩ，1KΩ
RTB14012F	RL1		SW-SPDT	SW1	
74HC573	U6，U9		ULN2003A	U10	
74HC138	U24		74HC02	U25	

② 利用“原理图绘制”标签左侧模式选择工具栏中的绘图工具，按图 2.2 的布局和连接关系绘制原理图。

模式选择工具分为绘图工具、配件工具和图形工具 3 类，如图 1.27 所示。

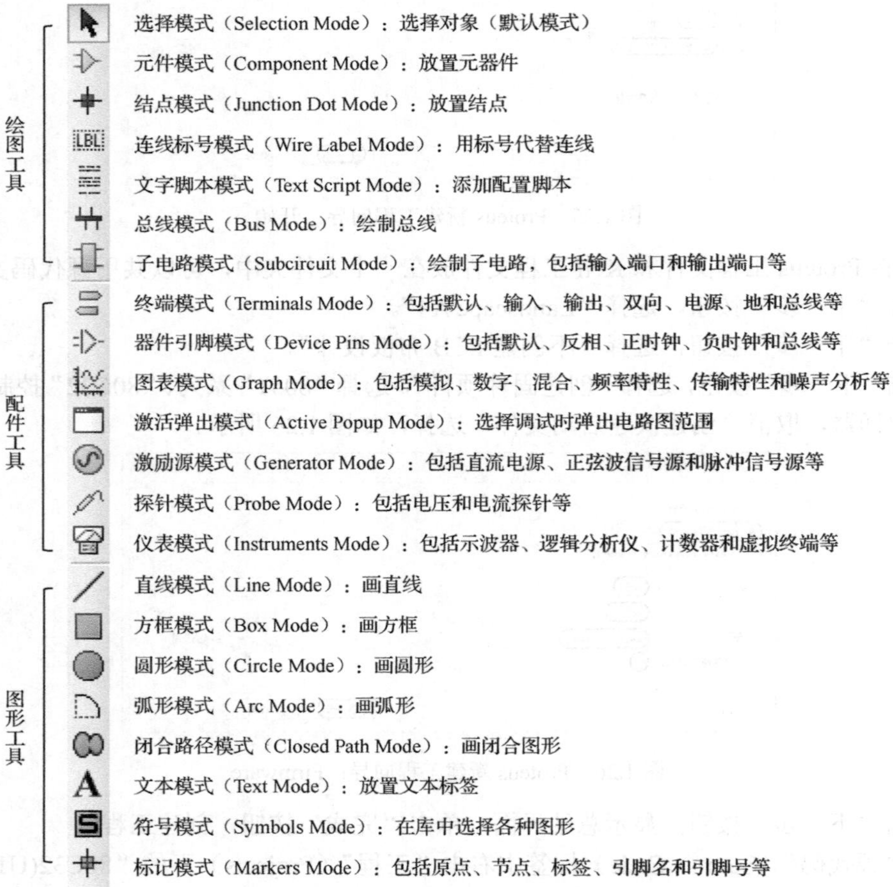

绘图工具
选择模式（Selection Mode）：选择对象（默认模式）
元件模式（Component Mode）：放置元器件
结点模式（Junction Dot Mode）：放置结点
LBL
连线标号模式（Wire Label Mode）：用标号代替连线
文字脚本模式（Text Script Mode）：添加配置脚本
总线模式（Bus Mode）：绘制总线
子电路模式（Subcircuit Mode）：绘制子电路，包括输入端口和输出端口等
配件工具
终端模式（Terminals Mode）：包括默认、输入、输出、双向、电源、地和总线等
器件引脚模式（Device Pins Mode）：包括默认、反相、正时钟、负时钟和总线等
图表模式（Graph Mode）：包括模拟、数字、混合、频率特性、传输特性和噪声分析等
激活弹出模式（Active Popup Mode）：选择调试时弹出电路图范围
激励源模式（Generator Mode）：包括直流电源、正弦波信号源和脉冲信号源等
探针模式（Probe Mode）：包括电压和电流探针等
仪表模式（Instruments Mode）：包括示波器、逻辑分析仪、计数器和虚拟终端等
图形工具
直线模式（Line Mode）：画直线
方框模式（Box Mode）：画方框
圆形模式（Circle Mode）：画圆形
弧形模式（Arc Mode）：画弧形
闭合路径模式（Closed Path Mode）：画闭合图形
A
文本模式（Text Mode）：放置文本标签
S
符号模式（Symbols Mode）：在库中选择各种图形
标记模式（Markers Mode）：包括原点、节点、标签、引脚名和引脚号等

图 1.27　Proteus 模式选择工具栏

③ 单击“原理图绘制”标签左侧工具栏中的“激活弹出模式”按钮□，将整个电路框起来以便调试源代码时显示所框电路。

（3）运行和调试源代码

Proteus 运行和调试源代码的步骤如下：

① 单击“源代码”（Source Code）标签，右击“工程”（Projects）下的“80C32(U1)”，在弹出菜单中选择“Add Files”（添加文件）菜单项，在添加文件对话框中选择“D:\MCS51\ 201_LED”文件夹中的“main.c”文件。

② 单击“系统”（System）菜单中的“编译器配置”（Compilers Configuration）菜单项，打开“编译器”对话框，确认“Keil for 8051”编译器已安装，如图 1.28 所示。

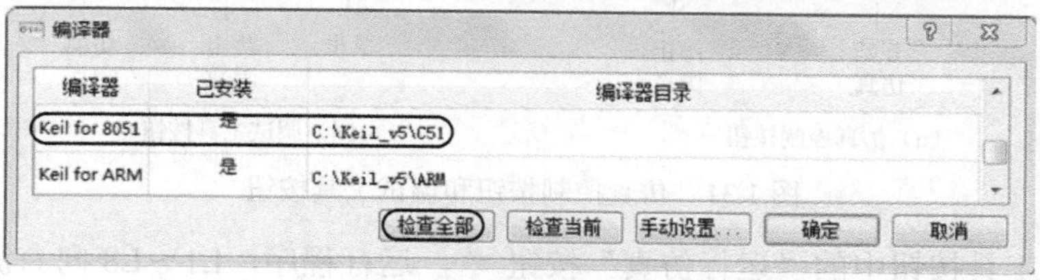

图 1.28　“编译器”对话框

注意：如果没有安装“Keil for 8051”编译器，则需要安装 Keil C51，并单击“检查全部”（Check All）按钮检查编译器。

③ 单击“构建”（Build）菜单下的“构建工程”（Build Project）菜单项，将 main.c 编译成目标文件 main.obj，并连接成程序文件 debug.omf，如图 1.29 所示。

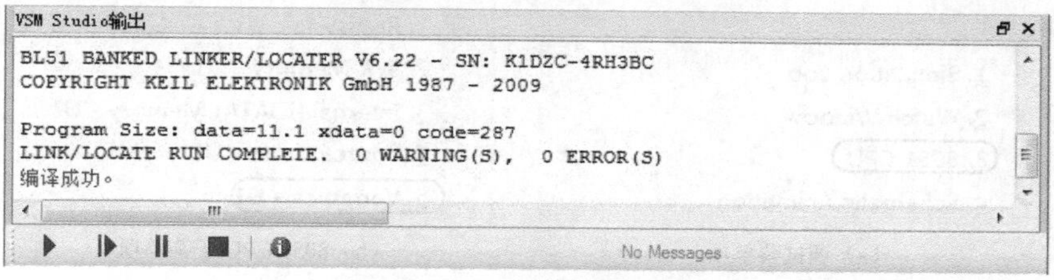

图 1.29　工程构建结果

④ 在“原理图绘制”标签中双击原理图中的“80C32”，打开“编辑元件”对话框，确认“Program File”为“80C32\Debug\Debug.OMF”，如图 1.30 所示。

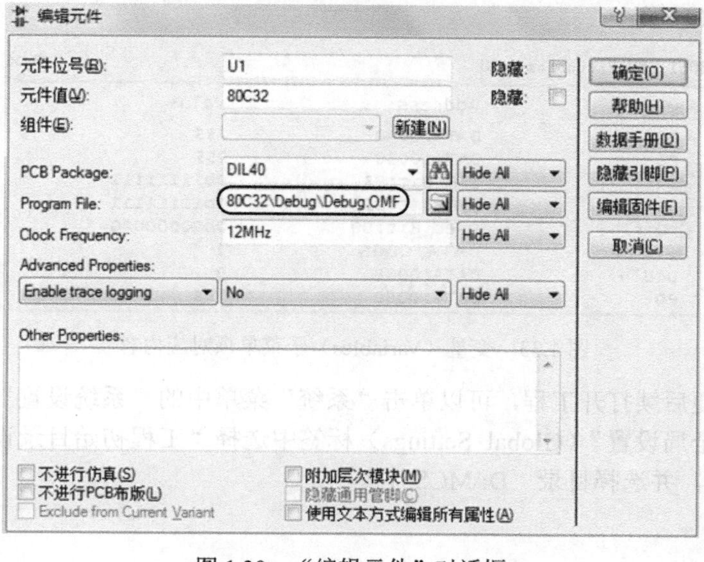

图 1.30　“编辑元件”对话框

⑤ 单击左下角仿真控制按钮中的“开始仿真”按钮，或单击“调试”（Debug）菜单下的“开始仿真”（Start VSM Debugging）菜单项，进入调试状态，源代码标签分别显示源代码（Source Code）、变量（Variables）和原理图动画（Schematic Animation）。

仿真控制按钮和调试工具按钮如图 1.31 所示。

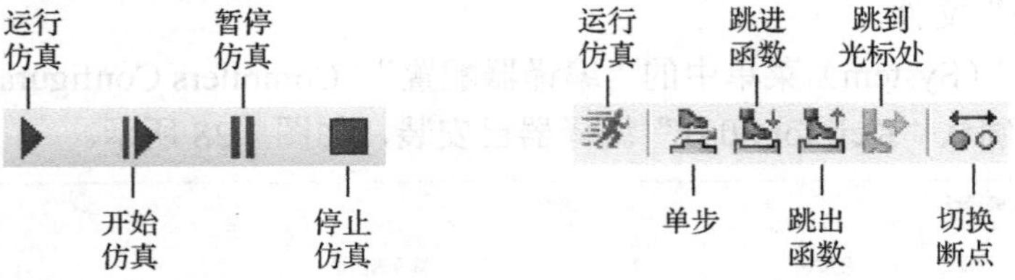

（a）仿真控制按钮　　（b）调试工具按钮

图 1.31　仿真控制按钮和调试工具按钮

⑥ 单击调试工具按钮中的“运行仿真”按钮，运行程序，L1～L8 向右流水显示。

⑦ 单击 S4 键，L1～L8 向左流水显示，L10 点亮。

⑧ 单击 S5 键，L1～L8 恢复向右流水显示，L10 熄灭。

⑨ 单击仿真控制按钮中的“停止仿真”按钮，停止程序运行。

调试工具按钮中其他按钮的使用将在后续内容中介绍。

调试状态的“调试”菜单中包含图 1.32 所示的调试菜单项和 8051 CPU 子菜单项。

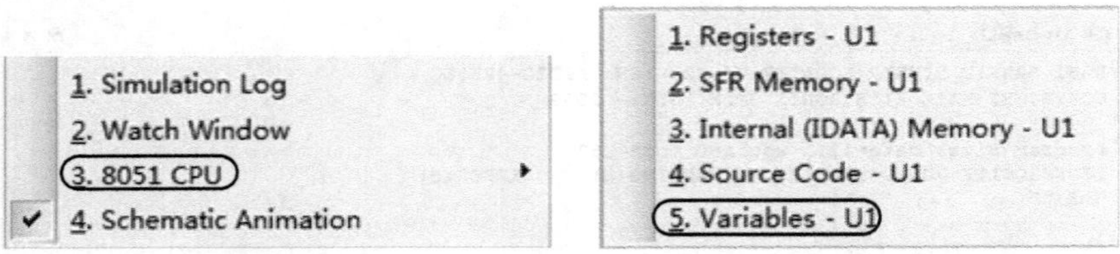

（a）调试菜单项　　（b）8051 CPU 子菜单项

图 1.32　调试菜单项和 8051 CPU 子菜单项

8051 CPU 子菜单项中变量（Variables）子菜单项对应的内容如图 1.33 所示，右击其中的项目，从弹出菜单中可以选择变量值的显示形式：Binary（二进制）、Hexadecimal（十六进制）和 Unsigned Integer（无符号整数）等。

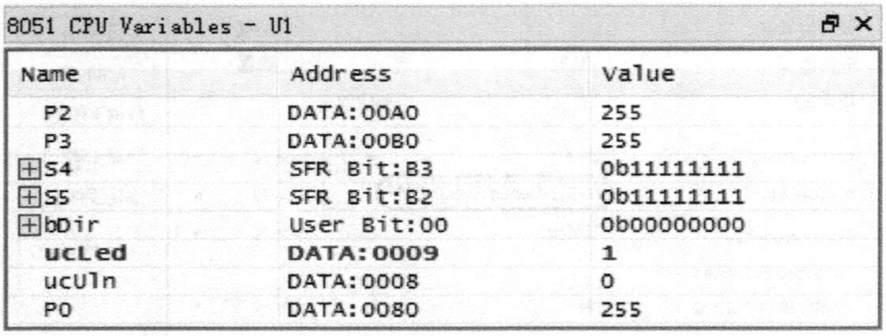

8051 CPU Variables - U1

Name	Address	Value
P2	DATA:00A0	255
P3	DATA:00B0	255
⊞S4	SFR Bit:B3	0b11111111
⊞S5	SFR Bit:B2	0b11111111
⊞bDir	User Bit:00	0b00000000
ucLed	DATA:0009	1
ucUln	DATA:0008	0
P0	DATA:0080	255

图 1.33　变量（Variables）子菜单项对应内容

注意：为了方便后续打开工程，可以单击“系统”菜单中的“系统设置”菜单项，打开系统设置对话框，在“全局设置”（Global Settings）标签中选择“工程初始目录设置”为“初始目录使用下面这个目录”，并选择目录“D:\MCS51”。

第 2 章　基本模块设计与调试

本章介绍单片机基本模块的设计与调试，包括 LED、定时器、数码管、矩阵键盘、串行口和中断等。

2.1　LED

设计要求：用 LED 实现流水灯（软件延时 1s），S4 和 S5 键分别控制 LED 显示左右移动和继电器的打开与关闭。

2.1.1　原理图绘制

LED 流水灯原理框图如图 2.1 所示，原理图如图 2.2 所示。

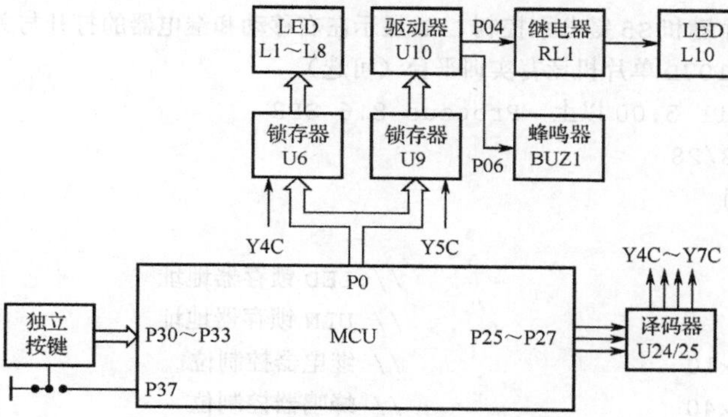

图 2.1　LED 流水灯原理框图

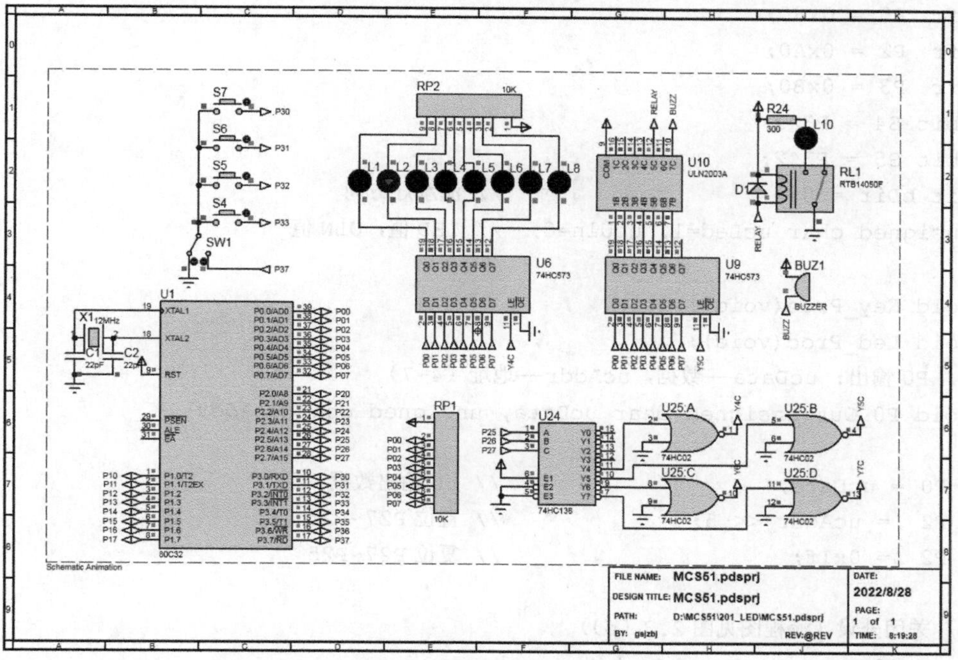

图 2.2　LED 流水灯原理图

4 个独立按键 S4～S7 与 MCU 的 P30～P33 接口相连，按键未按下时输入高电平（1），按下时输入低电平（0）。

8 个 LED L1～L8 通过锁存器 U6 与 MCU 的 P0 接口相连，Y4C 为 0 时锁存器输出不变，Y4C 为 1 时锁存器输出随输入改变，输出为 1 时 LED 熄灭，输出为 0 时 LED 点亮。

L10 通过继电器 RL1、驱动器 U10 和锁存器 U9 与 MCU 的 P04 接口相连，P04 输出为 0 时继电器断开，L10 熄灭，输出为 1 时继电器吸合，L10 点亮。

蜂鸣器 BUZ1 通过驱动器 U10 和锁存器 U9 与 MCU 的 P06 接口相连，P06 输出为 1 时蜂鸣器开启，输出为 0 时蜂鸣器关闭。

MCU 的 P25～P27 接口通过译码器 U24/25 输出 Y4C～Y5C，用于选通锁存器 U6 和 U9。

2.1.2 源代码设计

LED 流水灯（软件延时 1s）源代码设计如下：

```
/*
 * 程序说明：LED 流水灯（软件延时 1s）
 *           S4 键和 S5 键分别控制 LED 显示左右移动和继电器的打开与关闭
 * 硬件环境：CT107D 单片机竞赛实训平台（可选）
 * 软件环境：Keil 5.00 以上，Proteus 8.6 SP2
 * 日期：2022/8/28
 * 作者：gsjzbj
 */
#define LED 4                           // LED 锁存器地址
#define ULN 5                           // ULN 锁存器地址
#define RLY 0x10                        // 继电器控制位
#define BUZ 0x40                        // 蜂鸣器控制位

sfr  P0 = 0x80;
sfr  P2 = 0xA0;
sfr  P3 = 0xB0;
sbit S4 = P3^3;
sbit S5 = P3^2;
bit bDir = 0;                           // 流水灯方向
unsigned char ucLed=1, ucUln=0;         // LED 值，ULN 值

void Key_Proc(void);
void Led_Proc(void);
// P0 输出：ucData—数据，ucAddr—地址（4~7）
void P0_Out(unsigned char ucData, unsigned char ucAddr)
{
  P0 = ucData;                          // P0 输出数据
  P2 |= ucAddr << 5;                    // 置位 P27~P25
  P2 &= 0x1f;                           // 复位 P27~P25
}
// 关闭外设（流程图见图 2.3（b））
void Close_Peripheral(void)
```

```
{
  P2 &= 0x1f;                          // 复位 P27~P25
  P0_Out(0xff, LED);                   // 熄灭 LED
  P0_Out(~(RLY|BUZ), ULN);             // 关闭继电器和蜂鸣器
}
// 延时函数: uiNum——毫秒数(最小约 1ms@12MHz)
void Delay(unsigned int uiNum)
{
  unsigned int i;

  while (uiNum--)
#ifndef IAP15
    for (i=0; i<82; i++);              // MCS51
#else
    for (i=0; i<628; i++);             // IAP15
#endif
}
// 主函数(流程图参见图 2.3 (a))
void main(void)
{
  Close_Peripheral();

  while (1)
  {
    Key_Proc();
    Led_Proc();
  }
}
// 按键处理函数(流程图参见图 2.3 (c))
void Key_Proc(void)
{
  if (!S4)
  {
    bDir = 1;                          // 设置流水灯方向
    ucUln |= RLY;                      // 置位继电器控制位
    P0_Out(ucUln, ULN);                // 打开继电器
  }
  if (!S5)
  {
    bDir = 0;                          // 设置流水灯方向
    ucUln &= ~RLY;                     // 复位继电器控制位
    P0_Out(ucUln, ULN);                // 关闭继电器
  }
}
// LED 处理函数(流程图参见图 2.3 (d))
void Led_Proc(void)
```

```
  {
    if (bDir)
    {
      ucLed >>= 1;
       if (ucLed == 0)                         // 循环右移
         ucLed = 0x80;
    }
    else
    {
      ucLed <<= 1;
      if (ucLed == 0)                          // 循环左移
         ucLed = 1;
    }
    P0_Out(~ucLed, LED);                       // LED 显示
    Delay(1000);
  }
```

程序流程图如图 2.3 所示。

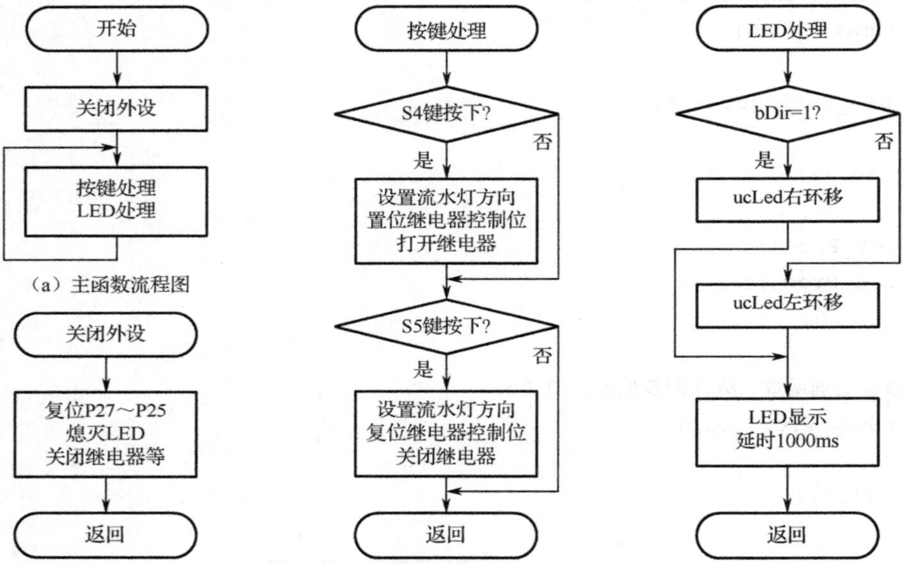

（a）主函数流程图

（b）关闭外设流程图

（c）按键处理流程图

（d）LED处理流程图

图 2.3　程序流程图

思考：

① 按键判断时 S4 和 S5 为什么要进行逻辑非（!）操作？可以换成位非（~）吗？

② LED 显示时 ucLed 为什么要进行位非（~）操作？可以换成逻辑非（!）吗？

扩展：增加 S6 键和 S7 键控制蜂鸣器开启和关闭功能。

2.1.3　源代码调试

LED 流水灯源代码调试包括关闭外设调试、按键处理调试和 LED 处理调试三部分。

单击“构建工程”按钮或单击“构建”菜单下的“构建工程”菜单项，编译工程。

单击“开始仿真”按钮或单击“调试”菜单下的“开始仿真”菜单项，进入调试状态。

（1）关闭外设调试

关闭外设调试的步骤如下。

① 单击“跳进函数”按钮，或单击“调试”菜单下的“跳进函数”菜单项，进入关闭外设函数 Close_Peripheral()。

② 单击“跳进函数”按钮，运行下列语句：

```
P2 &= 0x1f;                              // 复位 P27~P25
```

P2 的值由 0xFF（255）变为 0x1F（31，P25～P27 的值由 1 变为 0），Y4C 和 Y5C 都为 0，U6 和 U9 的输出不随 P0 变化。

③ 单击“跳进函数”按钮，进入 P0 输出函数 P0_Out()，入口参数：ucData—0xFF，ucAddr—LED（4），熄灭 LED。

④ 单击“单步”按钮，或单击“调试”菜单下的“单步”菜单项，运行下列语句：

```
P0 = ucData;                             // P0 输出数据
```

P0 的值保持 0xFF 不变。

⑤ 单击“单步”按钮，运行下列语句：

```
P2 |= ucAddr << 5;                       // 置位 P27~P25
```

P2 的值由 0x1F 变为 0x9F（159，P27 的值由 0 变为 1），Y4C 由 0 变为 1，U6 的输出 Q0～Q7 随 P0 变化，由全 0 变为全 1，L1～L8 应该熄灭。

注意：如果 L1～L8 不能熄灭，双击 LED，在“编辑元件”对话框中将“Model Type”修改为“Digital”。

⑥ 单击“单步”按钮，运行下列语句：

```
P2 &= 0x1f;                              // 复位 P27~P25
```

P2 的值由 0x9F 变回 0x1F（P27 由 1 变回 0），Y4C 也由 1 变回 0，U6 的 Q0～Q7 不随 P0 变化。

⑦ 单击“单步”按钮，退出 P0_Out()函数，返回 Close_Peripheral()函数。

⑧ 单击“单步”按钮，重新进入 P0 输出函数 P0_Out()，入口参数：ucData—0xAF（0x10 和 0x40 相或结果为 0x50，位非后结果为 0xAF），ucAddr—ULN（5）。

⑨ 单击“跳出函数”按钮，重新运行 P0 输出函数，并返回 main()函数。U9 的 Q4 和 Q6 输出 0，继电器和蜂鸣器关闭，L10 熄灭。

（2）按键处理调试

按键处理调试的步骤如下。

① 单击“跳进函数”按钮，进入按键处理函数 Key_Proc()。

② 单击“单步”按钮，运行下列语句：

```
if (!S4)
```

由于 S4 键未按下（S4 为 1，!S4 为 0），所以跳过 S4 按键处理程序。

③ 单击“单步”按钮，运行下列语句：

```
if (!S5)
```

由于 S5 键未按下（S5 为 1，!S5 为 0），同样跳过 S5 按键处理程序。

④ 单击下列语句：

```
bDir = 1;
```

再单击“跳到光标处”按钮，运行程序，L1～L8 循环右移。

⑤ 单击原理图中的 S4 键，程序停在 bDir = 1 语句处。

单击“单步”按钮，设置流水灯方向（bDir = 1），置位继电器控制位（ucUln = 0x10），运行 P0_Out(ucUln, ULN)函数打开继电器，L10 应该点亮。

注意：由于有 1s 延时，所以按键按下要超过 1s。

⑥ 单击下列语句：

```
bDir = 0;
```

再单击“跳到光标处”按钮，运行程序，L1～L8 循环左移。

⑦ 单击原理图中的 S5 键，程序停在 bDir = 0 语句处。

单击“单步”按钮，设置流水灯方向（bDir = 0），复位继电器控制位（ucUln = 0x00），运行 P0_Out(ucUln, ULN)函数关闭继电器，L10 应该熄灭。

⑧ 单击“单步”按钮，返回 main()函数。

（3）LED 处理调试

LED 处理调试的步骤如下。

① 单击“跳进函数”按钮，进入 LED 处理函数 Led_Proc()。

② 单击“单步”按钮，运行下列语句：

```
if (bDir)
```

由于 bDir = 0，执行循环左移操作。

③ 单击“单步”按钮，运行下列语句：

```
P0_Out(~ucLed, LED);
Delay(1000);
```

LED 左移 1 位（由于 L1～L8 和 D7～D0 的顺序正好相反，所以实际结果是右移 1 位）。

④ 双击下列语句的左侧，在下列语句处设置断点■：

```
ucLed >>= 1;
```

⑤ 单击“运行仿真”按钮，运行程序，L1~L8 循环右移。

⑥ 单击原理图中的 S4 键，程序停在 ucLed >>= 1 语句处。

⑦ 双击 ucLed >>= 1 语句的左侧，或单击切换断点按钮，取消断点。

⑧ 单击“运行仿真”按钮，运行程序，L1~L8 循环左移。

⑨ 单击“停止仿真”按钮■，停止程序运行。

Keil 工程的调试方法类似，读者可参考上述步骤自行完成。

2.2 定时器

MCS51 和 IAP15 都有 3 个 16 位定时/计数器 T0、T1 和 T2，其核心部件是一个加法计数器（TH 和 TL），可以对输入脉冲进行计数。若计数脉冲来自系统时钟，则为定时方式；若计数脉冲来自外部引脚，则为计数方式。

MCS51 和 IAP15 的 T0 和 T1 兼容，主要区别是 IAP15 将 T0 和 T1 的工作方式 0 由 13 位定时计数器修改为 16 位自动重装初值定时/计数器，使用更加方便。

MCS51 和 IAP15 的 T2 不兼容（详见表 2.1）。

与 3 个定时器相关的特殊功能寄存器如表 2.1 所示。

表 2.1　MCS51 和 IAP15 中与定时器相关的特殊功能寄存器

名称	地址	D7	D6	D5	D4	D3	D2	D1	D0
T0 和 T1 寄存器									
TCON	88H	**TF1**	**TR1**	TF0	TR0	IE1	IT1	IE0	IT0
TMOD	89H	**GATE1**	**C/T1**	**M1_1**	**M0_1**	GATE0	C/T0	M1_0	M0_0
TL0	8AH	T0 低 8 位定时/计数值							
TL1	8BH	T1 低 8 位定时/计数值							
TH0	8CH	**T0 高 8 位定时/计数值**							
TH1	8DH	**T1 高 8 位定时/计数值**							
MCS51 T2 寄存器									
T2CON	C8H	TF2	EXF2	RCLK	TCLK	EXEN2	TR2	C/T2	CP/RL2
T2MOD	C9H	—	—	—	—	—	—	T2OE	DCN
RCAP2L	CAH	T2 低 8 位初值/捕捉值							
RCAP2H	CBH	T2 高 8 位初值/捕捉值							
TL2	CCH	T2 低 8 位定时/计数值							
TH2	CDH	T2 高 8 位定时/计数值							
IAP15 T2 寄存器									
AUXR	8EH	T0x12	T1x12	UART_M0x6	T2R	T2_C/T	T2x12	EXTRAM	S1ST2
INT_CLKO AUXR2	8FH	—	EX4	EX3	EX2	MCKO_S2	T2CLKO	T1CLKO	T0CLKO
T2H	D6H	T2 高 8 位定时/计数值							
T2L	D7H	T2 低 8 位定时/计数值							

MCS51 T0 和 T1 的 4 种工作方式如表 2.2 所示。

表 2.2　MCS51 T0 和 T1 的 4 种工作方式

M1　M0	工 作 方 式	功 能 说 明
0　0	0	13 位定时/计数器（主频 12MHz 时的最大定时时间为 8.192ms）
0　1	1	16 位定时/计数器（主频 12MHz 时的最大定时时间为 65.536ms）
1　0	2	8 位自动重装初值定时/计数器（最大定时时间为 256μs）
1　1	3	T0 分为 2 个 8 位定时/计数器，T1 停止计数

IAP15 T0 和 T1 的 4 种工作方式如表 2.3 所示。

表 2.3 IAP15 T0 和 T1 的 4 种工作方式

M1 M0	工作方式	功能说明
0 0	0	**16 位自动重装初值定时/计数器**
0 1	1	16 位定时/计数器（主频 12MHz 时的最大定时时间为 65.536ms）
1 0	2	8 位自动重装初值定时/计数器（最大定时时间为 256μs）
1 1	3	**T0 为不可屏蔽中断 16 位自动重装初值定时/计数器**，T1 停止计数

13 位定时初值（高 8 位在 TH 中，低 5 位在 TL 中）与定时时间的关系是：

定时初值= 8192−定时时间×系统主频/12

定时初值 / 32 商放入 TH 余数放入 TL

16 位定时初值（高 8 位在 TH 中，低 8 位在 TL 中）与定时时间的关系是：

定时初值= 65536−定时时间×系统主频/12

定时初值 / 256 商放入 TH 余数放入 TL

设计要求：用 LED 实现流水灯（定时器延时 1s），S4 键和 S5 键控制 LED 显示左右移动。

LED 流水灯（定时器延时 1s）的原理框图和原理图与 LED 流水灯（软件延时 1s）的相同，源代码设计在 LED 流水灯（软件延时 1s）源代码设计的基础上完成。

在“D:\MCS51”文件夹中将“201_LED”文件夹复制粘贴并重命名为“202_TIM”文件夹，打开“202_TIM”文件夹中的“MCS51”工程。

2.2.1 源代码设计

LED 流水灯（定时器延时 1s）源代码设计包括 tim.h 设计、tim.c 设计和 main.c 修改。

（1）tim.h 设计

在源代码标签中右击“80C32(U1)”，在弹出菜单中选择“Add New File”菜单项，在添加新文件对话框中选择“202_TIM”文件夹，添加新文件“tim.h”，内容如下：

```
/*
 * 程序说明：定时器头文件
 * 硬件环境：CT107D 单片机竞赛实训平台（可选）
 * 软件环境：Keil 5.00 以上，Proteus 8.6 SP2
 * 日期：2022/8/28
 * 作者：gsjzbj
 */
#ifndef __TIM_H
#define __TIM_H
void T1_Init(void);
void T1_Proc(void);
#endif
```

（2）tim.c 设计

在源代码标签中右击“80C32(U1)”，在弹出菜单中选择“Add New File”菜单项，在添加新文件对话框中选择“202_TIM”文件夹，添加新文件“tim.c”，内容如下：

```
/*
 * 程序说明：定时器库文件
```

```
 * 硬件环境：CT107D 单片机竞赛实训平台（可选）
 * 软件环境：Keil 5.00 以上，Proteus 8.6 SP2
 * 日期：2022/8/28
 * 作者：gsjzbj
 */
sfr  TCON = 0x88;
sfr  TMOD = 0x89;
sfr  TL1  = 0x8B;
sfr  TH1  = 0x8D;
sbit TR1  = TCON^6;
sbit TF1  = TCON^7;

unsigned int uims;                       // 毫秒值
extern unsigned char ucSec;              // 秒值
// 定时 1ms@12.000MHz
void T1_Init(void)
{
  TMOD &= 0x0f;                          // 设置 T1 为 13 位定时方式(MCS51)
                                         // 设置 T1 为 16 位自动重装方式(IAP15)
  TL1 = 24;                              // 设置 T1 低 5 位定时初值(MCS51)
                                         // 设置 T1 低 8 位定时初值(IAP15)
#ifndef IAP15
  TH1 = 224;                             // 设置 T1 高 8 位定时初值(MCS51)
#else
  TH1 = 252;                             // 设置 T1 高 8 位定时初值(IAP15)
#endif
  TR1 = 1;                               // 启动 T1
}
// T1 处理
void T1_Proc(void)
{
  if (!TF1)                              // 1ms 时间未到
    return;
#ifndef IAP15
  TL1 = 24;                              // 重装 T1 低 5 位定时初值(仅 MCS51 需要)
  TH1 = 224;                             // 重装 T1 高 8 位定时初值(仅 MCS51 需要)
#endif
  TF1 = 0;                               // 清除 TF1 标志

  if (++uims == 1000)                    // 1s 时间到
  {
    uims = 0;
    ucSec++;
  }
}
```

（3）main.c 修改

main.c 修改如下：

```
/*
 * 程序说明：LED 流水灯（定时器延时 1s），S4 和 S5 键分别控制 LED 显示左右移动
 * 硬件环境：CT107D 单片机竞赛实训平台（可选）
 * 软件环境：Keil 5.00 以上，Proteus 8.6 SP2
 * 日期：2022/8/28
 * 作者：gsjzbj
 */
```

① 包含下列头文件：

```
#include "tim.h"
```

② 添加下列全局变量声明：

```
unsigned char ucSec, ucSec1;   // 秒值
```

③ 在 main()函数的初始化部分添加下列语句：

```
T1_Init();
```

④ 在 while (1)中添加下列语句：

```
T1_Proc();
```

⑤ 在 Led_Proc()函数的前部添加下列语句：

```
if (ucSec1 == ucSec)          // 1s 未到
  return;
ucSec1 = ucSec;
```

⑥ 删除 Led_Proc()函数后部的下列语句及 main()函数前对应的函数体：

~~Delay(1000);~~

思考：

① 与 T1 相关的寄存器位有哪些？含义各是什么？

② T1 的 13 位和 16 位定时初值（TH 和 TL 的值）如何确定？

扩展：用 T0 或 T2 实现 1s 定时功能（T0 或 T2 定时 10ms）。

2.2.2 源代码调试

LED 流水灯（定时器延时 1s）源代码调试包括 T1 初始化调试、关闭外设调试、T1 处理调试、按键处理调试和 LED 处理调试五部分，其中关闭外设调试和按键处理调试与前面相同，下面主要介绍 T1 初始化调试、T1 处理调试和 LED 处理调试。

单击“构建工程”按钮或单击“构建”菜单下的“构建工程”菜单项，编译工程。

确认“80C32”的“Program File”为“80C32\Debug\Debug.OMF”（参见图 1.30）。

单击“开始仿真”按钮或单击“调试”菜单下的“开始仿真”菜单项，进入调试状态。

（1）T1 初始化调试

T1 初始化调试的步骤如下。

① 单击“单步”按钮，运行关闭外设函数 Close_Peripheral()。

② 单击“跳进函数”按钮，进入 T1 初始化函数 T1_Init()。

③ 单击“单步”按钮，运行 TL1 = 24 语句，TL1 的值由 0 变为 24（0x18）。

④ 单击“单步”按钮，运行 TH1 = 224 语句，TH1 的值由 0 变为 224（0xE0）。

⑤ 单击“单步”按钮，运行 TR1 = 1 语句（启动 T1），TCON 的值由 0 变为 64。

⑥ 单击“单步”按钮，退出 T1 初始化函数 T1_Init()，返回 main()函数，TL1 的值由 24 变为 26（开始计时）。

（2）T1 处理调试

T1 处理调试的步骤如下。

① 单击“跳进函数”按钮，进入 T1 处理函数 T1_Proc()。

② 单击 T1_Proc()函数中的下列语句：

```
TL1 = 24;
```

再单击“跳到光标处”按钮，运行程序，程序停在 TL1 = 24 语句处，TCON 的值由 64（0x40）变为 192（0xC0，TF1 = 1）。

③ 连续单击“单步”按钮3 次，运行程序，TL1、TH1 和 TCON 的值分别变为 24、224 和 64。

④ 单击“单步”按钮，运行下列语句：

```
if (++uims == 1000)
```

uims 的值由 0 变为 1。

⑤ 单击 T1_Proc()函数中的下列语句：

```
uims = 0;
```

再单击“跳到光标处”按钮，运行程序，1s 后程序停在 uims = 0 语句处，uims 的值由 1 变为 1000。

⑥ 连续单击“单步”按钮2 次，运行程序，uims 的值变为 0，ucSec 的值变为 1。

⑦ 单击“单步”按钮，退出 T1 处理函数 T1_Proc()，返回 main()。

⑧ 单击“单步”按钮，运行按键处理函数 Key_Proc()。

（3）LED 处理调试

LED 处理调试的步骤如下。

① 单击“跳进函数”按钮，进入 LED 处理函数 Led_Proc()。

② 单击“单步”按钮，运行下列语句：

```
if (ucSec1 == ucSec)            // 1s 未到
```

由于 ucSec1 = 0，ucSec = 1，两者不相等，执行 ucSec1 = ucSec 语句，修改 ucSec1 的值。

③ 单击“跳出函数”按钮，运行循环左移后跳出 Led_Proc()函数，并返回 main()函数。

④ 单击运行仿真按钮，运行程序，L1～L8 循环移位。

⑤ 单击原理图中的 S4 键，L1～L8 改变循环方向，L10 点亮。

注意：由于没有 1s 延时，所以按键按下后立刻有响应。

⑥ 单击原理图中的 S5 键，L1～L8 再次改变循环方向，L10 熄灭。

⑦ 单击“停止仿真”按钮，停止程序运行。

2.3 数码管

数码管是一种半导体发光器件，其基本单元是发光二极管。数码管按段数分为七段数码管和八段数码管，八段数码管比七段数码管多一个发光二极管单元（小数点显示）；按能显示多少个“8”可分为 1 位数码管、2 位数码管和 4 位数码管等；按发光二极管单元连接方式分为共阳极数码管和共阴极数码管。

共阳极数码管是指将所有发光二极管的阳极接到一起形成公共阳极（COM）的数码管，共阳极数码管在应用时应将公共阳极 COM 接至电源，当某一字段发光二极管的阴极为低电平时，相应字段就点亮，当某一字段的阴极为高电平时，相应字段就不亮。

共阴极数码管是指将所有发光二极管的阴极接到一起形成公共阴极（COM）的数码管，共阴极数码管在应用时应将公共阳极 COM 接地，当某一字段发光二极管的阳极为高电平时，相应字段就点亮，当某一字段的阳极为低电平时，相应字段就不亮。

数码管要正常显示，就要用驱动电路驱动数码管的各个段码，从而显示出需要显示的数字。根据数码管驱动方式的不同，可以分为静态驱动和动态驱动两类。

① 静态驱动：静态驱动也称直流驱动，静态驱动是指每个数码管的每一个段码都由一个单片机的 I/O 端口（I/O 口）进行驱动，或者使用如 BCD 码或二–十进制译码器进行驱动。静态驱动的优点是编程简单，显示亮度高，缺点是占用 I/O 端口多，如驱动 4 个数码管静态显示则需要 4×8=32 个 I/O 端口，而 MCS51 单片机可用的 I/O 端口才 32 个。实际应用时必须增加译码驱动器进行驱动，增加了硬件电路的复杂性。

② 动态驱动：数码管动态显示是单片机中应用十分广泛的一种显示方式，动态驱动是将所有数码管的 8 个显示单元“a、b、c、d、e、f、g 和 dp”的同名端连在一起，另外为每个数码管的公共极 COM 增加位选通控制电路，位选通由各自独立的 I/O 线控制。

当单片机输出字形码时，所有数码管都接收到相同的字形码，但究竟是哪个数码管会显示出字形，取决于单片机对位选通 COM 端电路的控制，所以只要将需要显示的数码管的选通控制打开，该位就显示出字形，没有选通的数码管就不会亮。通过分时轮流控制各个数码管的 COM 端，就使各个数码管轮流受控显示，这就是动态驱动。

在轮流显示过程中，每位数码管的点亮时间为 1～2ms，由于人眼的视觉暂留现象及发光二极管的余晖效应，尽管实际上各位数码管并非同时点亮，但只要扫描的速度足够快，给人的印象就是一组稳定的显示数据，不会有闪烁感。动态显示的效果和静态显示是一样的，但能够节省大量的 I/O 端口，而且功耗更低。

设计要求：用数码管显示秒值。

数码管设计在 LED 流水灯（定时器延时 1s）设计的基础上完成：在“D:\MCS51”文件夹中将“202_TIM”文件夹复制粘贴并重命名为“203_SEG”文件夹，打开“203_SEG”文件夹中的“MCS51”工程。

2.3.1 原理图绘制

数码管原理框图如图 2.4 所示。数码管 DS1~DS2 分别通过位选锁存器和段选锁存器与 MCU 的 P0 接口相连，Y6C 为位选通，Y7C 为段选通。

在原理图中添加器件“7SEG-MPX4-CA”，按图 2.5 的布局和连接关系绘制原理图。

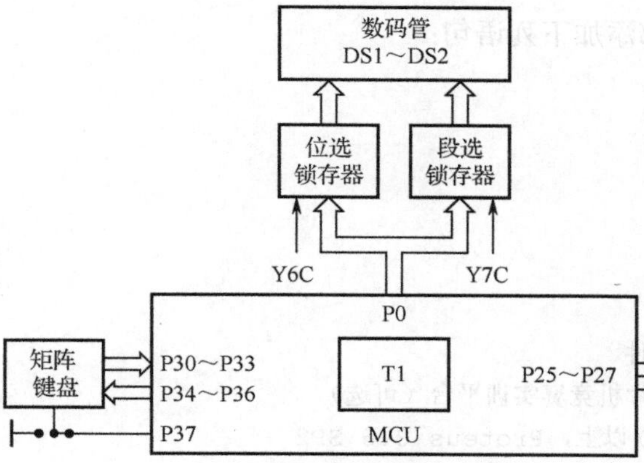

图 2.4　数码管原理框图

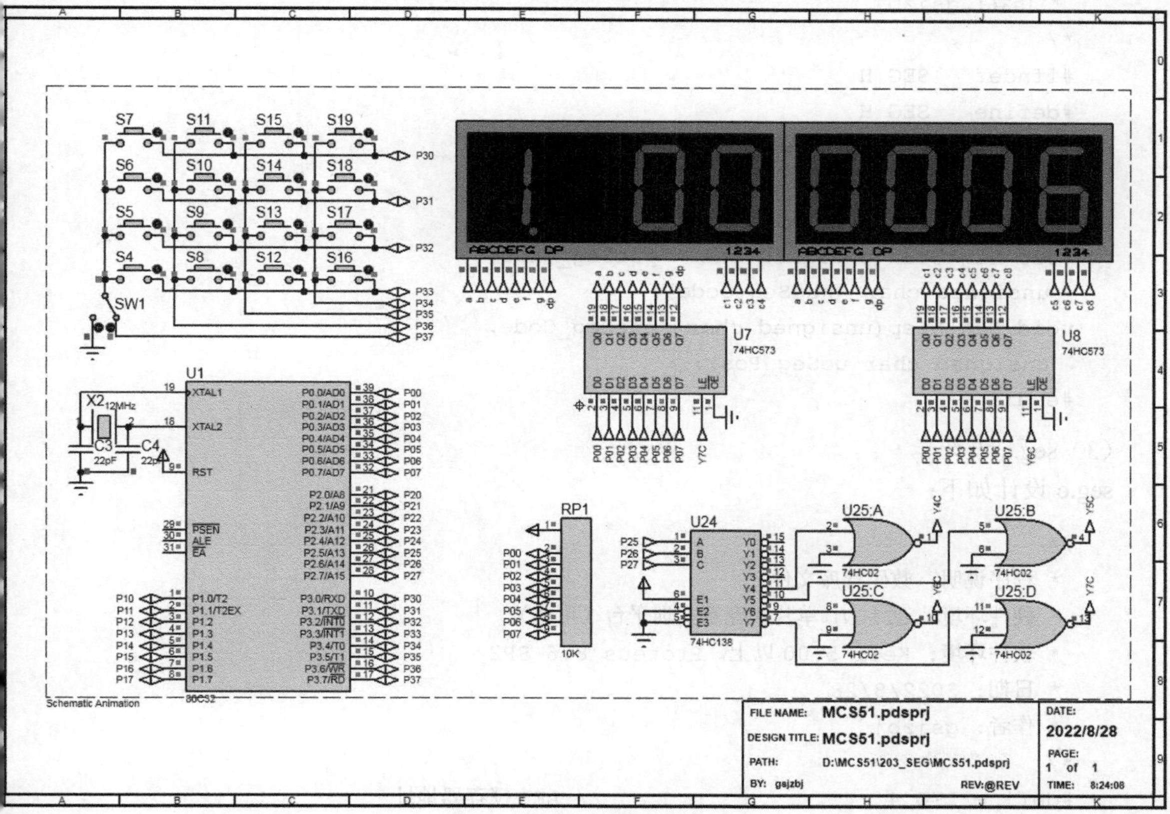

图 2.5　数码管原理图

2.3.2　源代码设计

数码管源代码设计包括 tim.c 修改、seg.h 设计、seg.c 设计和 main.c 设计。

（1）tim.c 修改

tim.c 修改如下：

① 添加下列外部变量声明：

```
extern unsigned int  uiSeg_Dly;  // 显示刷新延时
extern unsigned char ucSeg_Dly;  // 显示移位延时
```

② 在 T1_Proc()函数的后部添加下列语句：

```
uiSeg_Dly++;
ucSeg_Dly++;
```

（2）seg.h 设计

seg.h 设计如下：

```
/*
 * 程序说明：数码管头文件
 * 硬件环境：CT107D 单片机竞赛实训平台（可选）
 * 软件环境：Keil 5.00 以上，Proteus 8.6 SP2
 * 日期：2022/8/28
 * 作者：gsjzbj
*/
#ifndef __SEG_H
#define __SEG_H
void Led_Disp(unsigned char ucLed);
void Uln_Ctrl(unsigned char ucUln);
void Close_Peripheral(void);
void Seg_Tran(unsigned char *pucSeg_Char,
  unsigned char *pucSeg_Code);
void Seg_Disp(unsigned char *pucSeg_Code,
  unsigned char ucSeg_Pos);
#endif
```

（3）seg.c 设计

seg.c 设计如下：

```
/*
 * 程序说明：数码管库文件
 * 硬件环境：CT107D 单片机竞赛实训平台（可选）
 * 软件环境：Keil 5.00 以上，Proteus 8.6 SP2
 * 日期：2022/8/28
 * 作者：gsjzbj
*/
#define LED 4                              // LED 锁存器地址
#define ULN 5                              // ULN 锁存器地址
#define POS 6                              // SEG 位锁存器地址
#define SEG 7                              // SEG 段锁存器地址

sfr P0 = 0x80;
sfr P2 = 0xA0;
// P0 输出：ucData—数据，ucAddr—地址（4~7）
void P0_Out(unsigned char ucData, unsigned char ucAddr)
{
  P0 = ucData;                             // P0 输出数据
  P2 |= ucAddr << 5;                       // 置位 P27~P25
```

```
  P2 &= 0x1f;                        // 复位 P27~P25
}
// LED 显示: ucLed——LED 值
void Led_Disp(unsigned char ucLed)
{
  P0_Out(~ucLed, LED);
}
// ULN 控制: ucUln=0: 关闭继电器，ucUln=0x10: 打开继电器
void Uln_Ctrl(unsigned char ucUln)
{
  P0_Out(ucUln, ULN);
}
// 关闭外设
void Close_Peripheral(void)
{
  P2 &= 0x1f;                        // 复位 P27~P25
  Led_Disp(0);                       // 熄灭 LED
  Uln_Ctrl(0);                       // 关闭继电器和蜂鸣器
}
// 显示代码转换: pucSeg_Char——显示字符, pucSeg_Code——显示代码
void Seg_Tran(unsigned char *pucSeg_Char,
  unsigned char *pucSeg_Code)
{
  unsigned char i, j=0, ucSeg_Code;

  for (i=0; i<8; i++, j++)
  {
    switch (pucSeg_Char[j])
    { // 低电平点亮段, 段码[MSB...LSB]对应码顺序为 [dp g f e d c b a]
      case '0': ucSeg_Code = 0xc0; break;     // 1 1 0 0 0 0 0 0
      case '1': ucSeg_Code = 0xf9; break;     // 1 1 1 1 1 0 0 1
      case '2': ucSeg_Code = 0xa4; break;     // 1 0 1 0 0 1 0 0
      case '3': ucSeg_Code = 0xb0; break;     // 1 0 1 1 0 0 0 0
      case '4': ucSeg_Code = 0x99; break;     // 1 0 0 1 1 0 0 1
      case '5': ucSeg_Code = 0x92; break;     // 1 0 0 1 0 0 1 0
      case '6': ucSeg_Code = 0x82; break;     // 1 0 0 0 0 0 1 0
      case '7': ucSeg_Code = 0xf8; break;     // 1 1 1 1 1 0 0 0
      case '8': ucSeg_Code = 0x80; break;     // 1 0 0 0 0 0 0 0
      case '9': ucSeg_Code = 0x90; break;     // 1 0 0 1 0 0 0 0
      case 'A': ucSeg_Code = 0x88; break;     // 1 0 0 0 1 0 0 0
      case 'B': ucSeg_Code = 0x83; break;     // 1 0 0 0 0 0 1 1
      case 'C': ucSeg_Code = 0xc6; break;     // 1 1 0 0 0 1 1 0
      case 'D': ucSeg_Code = 0xA1; break;     // 1 0 1 0 0 0 0 1
      case 'E': ucSeg_Code = 0x86; break;     // 1 0 0 0 0 1 1 0
      case 'F': ucSeg_Code = 0x8E; break;     // 1 0 0 0 1 1 1 0
      case 'H': ucSeg_Code = 0x89; break;     // 1 0 0 0 1 0 0 1
```

```
        case 'L': ucSeg_Code = 0xC7; break;     // 1 1 0 0 0 1 1 1
        case 'N': ucSeg_Code = 0xC8; break;     // 1 1 0 0 1 0 0 0
        case 'P': ucSeg_Code = 0x8c; break;     // 1 0 0 0 1 1 0 0
        case 'U': ucSeg_Code = 0xC1; break;     // 1 1 0 0 0 0 0 1
        case '-': ucSeg_Code = 0xbf; break;     // 1 0 1 1 1 1 1 1
        default:  ucSeg_Code = 0xff;            // 1 1 1 1 1 1 1 1
      }
      if (pucSeg_Char[j+1] == '.')
      {
        ucSeg_Code &= 0x7f;                     // 点亮小数点
        j++;
      }
      pucSeg_Code[i] = ucSeg_Code;
    }
  }
  // 数码管显示：pucSeg_Code—显示代码，ucSeg_Pos—显示位置
  void Seg_Disp(unsigned char *pucSeg_Code,
    unsigned char ucSeg_Pos)
  {
    P0_Out(0xFF, SEG);                          // 消隐
    P0_Out(1<<ucSeg_Pos, POS);                  // 位选
    P0_Out(pucSeg_Code[ucSeg_Pos], SEG);        // 段选
  }
```

（4）main.c 设计

main.c 设计如下：

```
  /*
   * 程序说明：数码管显示秒值
   * 硬件环境：CT107D 单片机竞赛实训平台（可选）
   * 软件环境：Keil 5.00 以上，Proteus 8.6 SP2
   * 日期：2022/8/28
   * 作者：gsjzbj
  */
  #include <stdio.h>
  #include "tim.h"
  #include "seg.h"

  unsigned char ucSec;                          // 秒值
  unsigned int  uiSeg_Dly;                      // 显示刷新延时
  unsigned char ucSeg_Dly;                      // 显示移位延时
  unsigned char pucSeg_Char[12];                // 显示字符
  unsigned char pucSeg_Code[8];                 // 显示代码
  unsigned char ucSeg_Pos;                      // 显示位置

  void Seg_Proc(void);
  // 主函数
```

```
void main(void)
{
  Close_Peripheral();
  T1_Init();

  while (1)
  {
    T1_Proc();
    Seg_Proc();
  }
}
// 数码管处理
void Seg_Proc(void)
{
  if (uiSeg_Dly > 500)
  {
    uiSeg_Dly = 0;

    sprintf(pucSeg_Char, "1. %06u", (unsigned int)ucSec);
    Seg_Tran(pucSeg_Char, pucSeg_Code);
  }
  if (ucSeg_Dly > 2)
  {
    ucSeg_Dly = 0;
    Seg_Disp(pucSeg_Code, ucSeg_Pos);
    ucSeg_Pos = ++ucSeg_Pos & 7;  // 数码管循环显示
  }
}
```

思考：

① 数码管动态显示主要包括哪几个步骤？uiSeg_Dly 和 ucSeg_Dly 的作用有何区别？

② 数码管字形码如何确定？添加“_”的字形码。

扩展：将数码管旋转 180° 显示（可以显示℃）。

2.3.3 源代码调试

数码管源代码调试包括数码管转换调试和数码管显示调试。

单击“构建工程”按钮或单击“构建”菜单下的“构建工程”菜单项，编译工程。

确认“80C32”的“Program File”为“80C32\Debug\Debug.OMF”（参见图 1.30）。

单击“开始仿真”按钮或单击“调试”菜单下的“开始仿真”菜单项，进入调试状态。

（1）数码管转换调试

数码管转换调试的步骤如下：

① 单击 Seg_Proc()函数中的下列语句：

```
sprintf(pucSeg_Char, "1. %06u", (unsigned int)ucSec);
```

再单击“跳到光标处”按钮，运行程序，程序停在上列语句处。

② 单击“单步”按钮，运行上列语句，将秒值按格式输出到 pucSeg_Char，如图 2.6 所示（在右击弹出的菜单中选择“ASCII Text”，将“Value”显示类型更改为 ASCII 字符）。

注意：输出结果的最后一个字符 pucSeg_Char[9]是 0（字符串结束符）。

③ 单击“跳进函数”按钮，进入代码转换函数 Seg_Tran()。

④ 连续单击“单步”按钮，运行程序，将第一个显示字符‘1’转换为显示代码 0xf9。由于第二个显示字符是小数点，所以运行 ucSeg_Code &= 0x7f，清除显示代码的最高位（点亮小数点），最后将显示代码保存在 pucSeg_Code 中。

⑤ 单击“跳出函数”按钮，跳出 Seg_Tran()函数，回到 Seg_Proc()函数，pucSeg_Code 的值如图 2.7 所示（在右击弹出的菜单中选择“Hexadecimal”，将“Value”显示类型更改为十六进制数）。

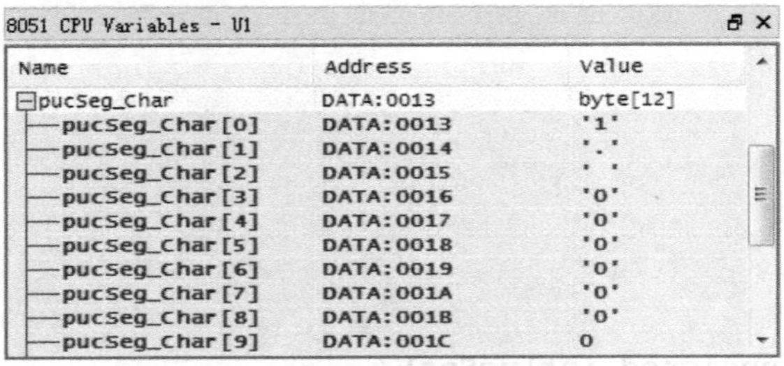

8051 CPU Variables - U1

Name	Address	Value
pucSeg_Char	DATA:0013	byte[12]
pucSeg_Char[0]	DATA:0013	'1'
pucSeg_Char[1]	DATA:0014	'.'
pucSeg_Char[2]	DATA:0015	' '
pucSeg_Char[3]	DATA:0016	'0'
pucSeg_Char[4]	DATA:0017	'0'
pucSeg_Char[5]	DATA:0018	'0'
pucSeg_Char[6]	DATA:0019	'0'
pucSeg_Char[7]	DATA:001A	'0'
pucSeg_Char[8]	DATA:001B	'0'
pucSeg_Char[9]	DATA:001C	0

图 2.6　pucSeg_Char 的值

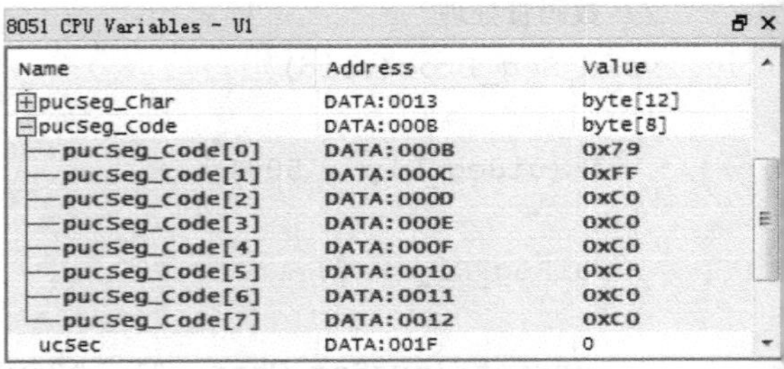

8051 CPU Variables - U1

Name	Address	Value
pucSeg_Char	DATA:0013	byte[12]
pucSeg_Code	DATA:000B	byte[8]
pucSeg_Code[0]	DATA:000B	0x79
pucSeg_Code[1]	DATA:000C	0xFF
pucSeg_Code[2]	DATA:000D	0xC0
pucSeg_Code[3]	DATA:000E	0xC0
pucSeg_Code[4]	DATA:000F	0xC0
pucSeg_Code[5]	DATA:0010	0xC0
pucSeg_Code[6]	DATA:0011	0xC0
pucSeg_Code[7]	DATA:0012	0xC0
ucSec	DATA:001F	0

图 2.7　pucSeg_Code 的值

（2）数码管显示调试

数码管显示调试的步骤如下。

① 在下列语句处设置断点：

```
Seg_Disp(pucSeg_Code, ucSeg_Pos);
```

② 单击“运行仿真”按钮，运行程序，程序停在断点处，ucSeg_Pos 的值为 6，第 6 个数码管显示“8.”。再单击“运行仿真”按钮 2 次，ucSeg_Pos 的值变为 0，第 7、8 个数码管依次显示“0”。

③ 单击“跳进函数”按钮，进入数码管显示函数 Seg_Disp()。

④ 连续单击“单步”按钮，运行程序：消隐（第 8 个数码管熄灭）、位选（c1 为高电平，选中左边第 1 个数码管）和段选（最左侧数码管显示“1.”），ucSeg_Pos 加 1。

⑤ 连续单击“运行仿真”按钮，运行程序，第 2 个数码管不显示，第 3~8 个数码管依次显示‘0’，ucSeg_Pos 变回 0。

⑥ 取消断点运行仿真，数码管上显示变化的秒值。

⑦ 单击“停止仿真”按钮，停止程序运行。

2.4　矩阵键盘

矩阵键盘是单片机外部设备中所使用的排布类似于矩阵的键盘组。在键盘中按键数量较多时，为了减少对 I/O 口的占用，通常将按键排列成矩阵形式。在矩阵键盘中，在每条水平线和垂直线的交叉处不直接连通，而是通过一个按键加以连接。这样，一个端口（如 P0 口）就可以构成 4×4=16 个按键，比直接将端口线用于键盘多出了一倍，而且线数越多，区别越明显，比如再多加一条线就可以构成 20 键的键盘，而直接用端口线则只能多出一键（9 键）。由此可见，在需要的键数比较多时，采用矩阵法来做键盘是合理的。

矩阵式结构的键盘显然比直接法要复杂一些，识别也要复杂一些，列线通过电阻接正电源，并将行线所接的单片机的 I/O 口作为输出端，而列线所接的 I/O 口则作为输入端。这样，当按键没有按下时，所有的输入端都是高电平，代表无键按下。行线输出低电平，一旦有键按下，则输入线就会被拉低，这样，通过读入输入线的状态就可得知是否有键按下了。

矩阵键盘中按键的识别有行扫描和线翻转两种方法，其中行扫描法是一种最常用的按键识别方法，过程如下：

① 逐行输出 0，检查列线是否非全高；

② 如果某行输出 0 时，查到列线非全高，则该行有按键按下；

③ 根据输出 0 的行线和读入 0 的列线，即可判断按下按键的位置。

设计要求：将按键值显示在数码管上：按下按键显示键值（S4～S19 键的值依次为 0～9 和 A～F），松开按键显示键值+小数点，按住按键反相显示键值。

矩阵键盘的原理框图和原理图与数码管的相同，矩阵键盘源代码设计在数码管源代码设计的基础上完成：在“D:\MCS51”文件夹中将“203_SEG”文件夹复制粘贴并重命名为“204_KEY”文件夹，打开“204_KEY”文件夹中的“MCS51”工程。

2.4.1 源代码设计

矩阵键盘源代码设计包括 tim.c 修改、key.h 设计、key.c 设计和 main.c 设计。

（1）tim.c 修改

tim.c 修改如下：

① 添加下列外部变量声明：

```
extern unsigned char ucKey_Dly;  // 按键延时
extern unsigned int  uiKey_Time; // 按键按下计时
```

② 在 T1_Proc()函数的后部添加下列语句：

```
ucKey_Dly++;
uiKey_Time++;
```

（2）key.h 设计

key.h 设计如下：

```
/*
 * 程序说明：按键头文件
 * 硬件环境：CT107D 单片机竞赛实训平台（可选）
 * 软件环境：Keil 5.00 以上，Proteus 8.6 SP2
 * 日期：2022/8/28
 * 作者：gsjzbj
 */
#ifndef __KEY_H
#define __KEY_H
unsigned char Key_Read(void);
#endif
```

（3）key.c 设计

key.c 设计如下：

```
/*
 * 程序说明：按键库文件
```

```
 * 硬件环境: CT107D 单片机竞赛实训平台（可选）
 * 软件环境: Keil 5.00 以上, Proteus 8.6 SP2
 * 日期: 2022/8/28
 * 作者: gsjzbj
 */
sfr  P3   = 0xB0;
#ifndef IAP15
sbit COL1 = P3^7;
sbit COL2 = P3^6;
#else
sfr  P4   = 0xC0;
sbit COL1 = P4^4;
sbit COL2 = P4^2;
#endif
sbit COL3 = P3^5;
sbit COL4 = P3^4;
// 读取按键值: 返回值-按键值
unsigned char Key_Read(void)
{
  unsigned char ucKey_Code;
/* 线翻转（仅 MCS51 可用）
  P3 = 0xf0;                          // P30~P33 输出 0
  ucKey_Code = P3;                    // 读取 P34~P37
  P3 = ucKey_Code | 0x0f;             // P34~P37 翻转输出
  ucKey_Code = P3;                    // 读取 P30~P33 和 P34~P37
  */
// 列扫描
  COL1 = 0; COL2 = 1;                 // 第 1 列
  COL3 = 1; COL4 = 1;
  ucKey_Code = P3&0x0f;               // 读取 P30~P33
  if (ucKey_Code != 0x0f)             // 有键按下
    ucKey_Code |= 0x70;               // 第 1 列扫描码
  else
  {
    COL1 = 1; COL2 = 0;               // 第 2 列
    ucKey_Code = P3&0x0f;             // 读取 P30~P33
    if (ucKey_Code != 0x0f)           // 有键按下
      ucKey_Code |= 0xb0;             // 第 2 列扫描码
    else
    {
      COL2 = 1; COL3 = 0;             // 第 3 列
      ucKey_Code = P3&0x0f;           // 读取 P30~P33
      if (ucKey_Code != 0x0f)         // 有键按下
        ucKey_Code |= 0xd0;           // 第 3 列扫描码
      else
      {
```

```
      COL3 = 1; COL4 = 0;           // 第 4 列
      ucKey_Code = P3&0x0f;         // 读取 P30~P33
      if (ucKey_Code != 0x0f)       // 有键按下
        ucKey_Code |= 0xe0;         // 第 4 列扫描码
      COL4 = 1;
    }
  }
}

switch(ucKey_Code)
{
  case 0x77: return 4;              // S4
  case 0x7b: return 5;              // S5
  case 0x7d: return 6;              // S6
  case 0x7e: return 7;              // S7
  case 0xb7: return 8;              // S8
  case 0xbb: return 9;              // S9
  case 0xbd: return 10;             // S10
  case 0xbe: return 11;             // S11
  case 0xd7: return 12;             // S12
  case 0xdb: return 13;             // S13
  case 0xdd: return 14;             // S14
  case 0xde: return 15;             // S15
  case 0xe7: return 16;             // S16
  case 0xeb: return 17;             // S17
  case 0xed: return 18;             // S18
  case 0xee: return 19;             // S19
  default: return 0;
}
}
```

（4）main.c 设计

main.c 设计如下：

```
/*
 * 程序说明：将按键值显示在数码管上：按下按键显示键值（S4~S19 键的值依次为
 *           0~9 和 A~F），松开按键显示键值+小数点，按住按键反相显示键值
 * 硬件环境：CT107D 单片机竞赛实训平台（可选）
 * 软件环境：Keil 5.00 以上，Proteus 8.6 SP2
 * 日期：2022/8/28
 * 作者：gsjzbj
 */
#include "tim.h"
#include "seg.h"
#include "key.h"

unsigned char ucSec;                // 秒值
```

```
unsigned int  uiSeg_Dly;          // 显示刷新延时
unsigned char ucSeg_Dly;          // 显示移位延时
unsigned char pucSeg_Char[12];    // 显示字符
unsigned char pucSeg_Code[8];     // 显示代码
unsigned char ucSeg_Pos;          // 显示位置
unsigned char ucKey_Dly;          // 按键延时
unsigned char ucKey_Old;          // 按键值
unsigned int  uiKey_Time;         // 按键按下计时

void Seg_Proc(void);
void Key_Proc(void);
void SEG_Proc(unsigned char ucSeg_Val); // 临时使用
// 主函数
void main(void)
{
  Close_Peripheral();
  T1_Init();

  while (1)
  {
    T1_Proc();
    Seg_Proc();
    Key_Proc();
  }
}
// 数码管处理
void Seg_Proc(void)
{
  if (ucSeg_Dly > 2)
  {
    ucSeg_Dly = 0;

    Seg_Disp(pucSeg_Code, ucSeg_Pos);
    ucSeg_Pos = ++ucSeg_Pos & 7;        // 数码管循环显示
  }
}
// 按键处理
void Key_Proc(void)
{
  unsigned char ucKey_Val, ucKey_Dn, ucKey_Up;

  if (ucKey_Dly < 10)                   // 10ms 时间未到
    return;                             // 延时消抖
  ucKey_Dly = 0;

  ucKey_Val = Key_Read();               // 读取按键值
```

```
    ucKey_Dn = ucKey_Val & (ucKey_Old ^ ucKey_Val);
    ucKey_Up = ~ucKey_Val & (ucKey_Old ^ ucKey_Val);
    ucKey_Old = ucKey_Val;                  // 保存按键值

    if (ucKey_Dn)                          // 按下按键
    {
      uiKey_Time = 0;                      // 开始计时
      SEG_Proc(ucKey_Dn);
    }
    if (ucKey_Up)                          // 松开按键
    {
      SEG_Proc(ucKey_Up);
      pucSeg_Code[7] &= 0x7f;              // 添加"."
    }
    if (ucKey_Old && (uiKey_Time > 1000))
    {                                      // 长按键
      uiKey_Time = 0;                      // 重新计时
      SEG_Proc(ucKey_Old);
      pucSeg_Code[7] = ~pucSeg_Code[7];    // 反相显示
    }
  }
  // 数码管处理（临时使用）
  void SEG_Proc(unsigned char ucSeg_Val)
  {
    unsigned char i;

    for (i=0; i<7; i++)
      pucSeg_Char[i] = pucSeg_Char[i+1];   // 显示内容左移一位
    if(ucSeg_Val < 14)
      pucSeg_Char[i] = ucSeg_Val-4+'0';    // S4~S13，转化为'0'~'9'
    else
      pucSeg_Char[i] = ucSeg_Val-14+'A';   // S14~S19，转化为'A'~'F'
    Seg_Tran(pucSeg_Char, pucSeg_Code);
  }
```

思考：

① 矩阵键盘行扫描法判断按键动作主要包括哪几个步骤？ucKey_Dly 的作用是什么？

② 矩阵键盘的扫描码如何确定？

扩展：用线翻转法实现按键识别。

注意：由于竞赛实训平台将第 1 列和第 2 列的引脚更改为 P44 和 P42，4 根列线不在一个端口，所以不便使用线翻转法识别按键。

2.4.2 源代码调试

矩阵键盘源代码调试包括按键值读取调试和按键处理调试，具体步骤如下：

① 单击“开始仿真”按钮，进入调试状态。

② 在 Key_Proc()函数中的下列语句处设置断点■：

```
ucKey_Val = Key_Read();        // 读取按键值
```

单击“运行仿真”按钮，运行程序，程序停在断点处。

③ 单击“跳进函数”按钮，进入读取按键值函数 Key_Read()，连续单击“单步”按钮，运行 Key_Read()程序，依次扫描第 1~4 列，由于没有按键按下，ucKey_Code 的值均为 15（0x0F），Key_Read()的返回值为 0。

④ 连续单击“单步”按钮，运行下列程序段：

```
ucKey_Dn = ucKey_Val & (ucKey_Old ^ ucKey_Val);
ucKey_Up = ~ucKey_Val & (ucKey_Old ^ ucKey_Val);
ucKey_Old = ucKey_Val;
```

由于 ucKey_Val 和 ucKey_Old 的值均为 0，所以 ucKey_Dn（按键按下）、ucKey_Up（按键松开）和 ucKey_Old（按键按住）的值均为 0，不运行后续的处理程序。

⑤ 单击原理图中“S9”按键右侧的锁定标志，锁定“S9”按下。

⑥ 单击“运行仿真”按钮，运行程序，程序停在断点处。

重复步骤③，扫描第 1 列时 ucKey_Code 的值仍为 15（0x0F），扫描第 2 列时 ucKey_Code 的值变为 11（0x0B：第 3 行行码），和第 2 列列码 0xB0 合并后 ucKey_Code 的值变为 187（0xBB：S9 键的扫描码），Key_Read()函数的返回值为 9。

重复步骤④，ucKey_Dn（按键按下）和 ucKey_Old（按键按住）的值变为 9，ucKey_Up（按键松开）的值仍为 0，运行下列程序段：

```
uiKey_Time = 0;               // 开始计时
SEG_Proc(ucKey_Dn);
```

开始“按下按键”计时，并调用 SEG_Proc()函数将 pucSeg_Char 转换为“0，0，0，0，0，0，0，‘5’（S4～S19 键的显示值依次为 0～9 和 A～F）”，将 pucSeg_Code 转换为“0xFF，0xFF，0xFF，0xFF，0xFF，0xFF，0xFF，0x92（‘5’ 的字形码）”。

⑦ 单击“运行仿真”按钮，运行程序，程序停在断点处。

单击“单步”按钮，运行函数 Key_Read()，由于“S9”一直按下，ucKey_Val 的值仍为 9。

单击“单步”按钮 3 次，由于 ucKey_Old 的值也为 9，所以 ucKey_Dn（按键按下）和 ucKey_Up（按键松开）的值均为 0，ucKey_Old 的值保持为 9。当 uiKey_Time 超过 1000（1s）时，运行下列程序段：

```
uiKey_Time = 0;                        // 重新计时
SEG_Proc(ucKey_Old);
pucSeg_Code[7] = ~pucSeg_Code[7]; // 反相显示
```

重新“按下按键”计时，pucSeg_Char 和 pucSeg_Code 分别为“0，0，0，0，0，0，‘5’，‘5’”和“0xFF，0xFF，0xFF，0xFF，0xFF，0xFF，0x92，0x6D（0x92 的反码）”。

注意：由于 uiKey_Time < 1000，所以暂时不运行上列程序段，也不产生相应结果。

⑧ 单击原理图中“S9”按键右侧的锁定标志，解除“S9”锁定。

单击“运行仿真”按钮，运行程序，程序停在断点处。

单击“单步”按钮，运行函数 Key_Read()，由于“S9”松开，ucKey_Val 的值变为 0。

单击“单步”按钮 3 次，由于 ucKey_Old 的值仍为 9，所以 ucKey_Up 的值变为 9，ucKey_Dn

和 ucKey_Old 的值为 0。运行下列程序段：

```
SEG_Proc(ucKey_Up);
pucSeg_Code[7] &= 0x7f;              // 添加"."
```

pucSeg_Char 和 pucSeg_Code 分别为“0，0，0，0，0，0，‘5’，‘5’”和“0xFF，0xFF，0xFF，0xFF，0xFF，0xFF，0x92，0x12（‘5.’的字形码）”。

⑨ 取消断点，运行仿真，数码管上显示“   55.”。

⑩ 单击“停止仿真”按钮■，停止程序运行。

综上所述，可以得到矩阵键盘源代码运行结果如表 2.4 所示。

表 2.4　矩阵键盘源代码运行结果

按键状态	ucKey_Val	ucKey_Old 旧值	ucKey_Dn	ucKey_Up	ucKey_Old 新值
按键未按下	0	0	0	0	0
按键按下	按键值	0	按键值	0	按键值
按键按住	按键值	按键值	0	0	按键值
按键松开	0	按键值	0	按键值	0

可以看出：矩阵键盘源代码将 3 个有效按键状态（按键按下、按键按住和按键松开，由 ucKey_Val 和 ucKey_Old 旧值的 3 种组合表示），转换成 3 个独立的状态（分别由 ucKey_Dn、ucKey_Up 和 ucKey_Old 新值表示）。

2.5　串行口

数据传输有并行和串行两种方式，并行传输是多位（8 位、16 位或 32 位）一起传输，速度快但传输距离近，而串行传输是逐位传输，速度慢但传输距离远。两种方式分别通过并行接口（并行口）和串行接口（串行口）实现。

串行接口又分为异步和同步两种方式，异步串行接口不要求有严格的时钟同步，常用的异步串行接口是 UART（通用异步收发器），而同步串行接口要求有严格的时钟同步，常用的同步串行接口有 SPI（串行设备接口）和 I2C（内部集成电路接口）等。

串行接口连接串行设备时必须遵循相关的物理接口标准，这些标准规定了接口的机械、电气、功能和过程特性。UART 的物理接口标准有 RS-232C、RS-449（其中电气标准是 RS-422 或 RS-423）和 RS-485 等，其中 RS-232C 和 RS-485 是最常用的 UART 物理接口标准。

RS-232C 电气特性采用负逻辑：逻辑“1”的电平低于-3V，逻辑“0”的电平高于+3V，这和 TTL 的正逻辑（逻辑“1”为高电平，逻辑“0”为低电平）不同，因此通过 RS-232C 和 TTL 器件通信时必须进行电平转换。RS-232C 采用单端输出和单端输入，最大通信距离约 30m，通信速率低于 20kbit/s。

RS-422 和 RS-485 则采用平衡输出和差分输入，传输一个信号用两根线，利用两根线的电压差表示逻辑“0”和“1”。由于采用双线传输，抗共模干扰能力增强，距离 10m 时速率可达 10Mbit/s，距离 1000m 时速率仍可达 100kbit/s。

RS-232C 和 RS-422 都可以全双工工作（发送和接收可以同时进行），只能实现点对点通信。而 RS-485 采用半双工工作（发送和接收不能同时进行），最大可以连接 32 个节点，增加驱动后（例如 SIT3485），最大可以连接 256 个节点。

目前微控制器的 UART 接口采用的是 TTL 正逻辑，和 TTL 器件连接不需要电平转换。和采用负逻辑的计算机相连时需要进行电平转换，或使用 UART-USB 转换器连接。

UART 常用的引脚只有 3 个：TxD（发送数据）、RxD（接收数据）和 GND（地），两个 UART 连接时，TxD 和 RxD 必须交叉连接。

UART 的主要指标有 2 个：数据速率和数据格式。数据速率用波特率表示，数据格式包括 1 个起始位、5～8 个数据位、0～1 个校验位和 1～2 个停止位，如图 2.8 所示。

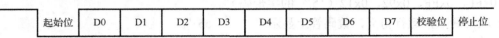

起始位	D0	D1	D2	D3	D4	D5	D6	D7	校验位	停止位

图 2.8　UART 数据格式

通信双方的数据速率和数据格式必须一致，否则无法实现通信。

MCS51 只有 1 个串行口 UART，IAP15 则有 2 个串行口 UART1 和 UART2，与串行口相关的特殊功能寄存器如表 2.5 所示。

表 2.5　MCS51 和 IAP15 中与串行口相关的特殊功能寄存器

名　称	地　址	D7	D6	D5	D4	D3	D2	D1	D0
UART 和 UART1 兼容寄存器									
PCON	87H	SMOD	SMOD0	LVDF	POF	GF1	GF0	PD	IDL
SCON	98H	**SM0**	**SM1**	SM2	**REN**	TB8	RB8	**TI**	**RI**
SBUF	99H	**UART 接口 8 位数据**							
MCS51 T2 寄存器									
T2CON	C8H	TF2	EXF2	**RCLK**	**TCLK**	EXEN2	**TR2**	C/T2	CP/RL2
RCAP2L	CAH	**T2 低 8 位初值/捕捉值**							
RCAP2H	CBH	**T2 高 8 位初值/捕捉值**							
IAP15 UART2 和 T2 寄存器									
AUXR	8EH	T0x12	T1x12	UART_M0x6	**T2R**	T2_C/T	T2x12	EXTRAM	**S1ST2**
S2CON	9AH	S2SM0	1	S2SM2	S2REN	S2TB8	S2RB8	S2TI	S2RI
S2BUF	9BH	串行口 2 8 位数据							
AUXR1 P_SW1	A2H	S1_S1	S1_S0	CCP_S1	CCP_S0	SPI_S1	SPI_S0	0	DPS
P_SW2	BAH	-	-	-	-	-	-	-	S2_S
T2H	D6H	**T2 高 8 位定时/计数值**							
T2L	D7H	**T2 低 8 位定时/计数值**							

UART 和 UART1 的 4 种工作方式如表 2.6 所示。

表 2.6　UART 和 UART1 的 4 种工作方式

SM0	SM1	工 作 方 式	功 能 说 明
0	0	0	移位寄存器扩展（复位值）
0	**1**	**1**	**8 位 UART，波特率可变（T1 方式 0 或 T2）**
1	0	2	9 位 UART，波特率为主频/32 或主频/64
1	1	3	9 位 UART，波特率可变（T1 方式 0 或 T2）

UART 和 UART1 通常工作在方式 1。MCS51 的 UART 可以用 T1（T2CON 中的 RCLK 和 TCLK 均为 0）或 T2（T2CON 中的 RCLK 或 TCLK 不为 0）作为波特率发生器，通常用 T2 作为波特率

发生器，此时定时初值（RCAP2H 和 RCAP2L）和波特率的关系是：

定时初值=65536-系统主频/波特率/32

波特率=系统主频/(65536-定时初值)/32

常用波特率的定时初值如表 2.7 所示。

表 2.7　常用波特率的定时初值

波特率	系统主频为 11.0592MHz			系统主频为 12MHz		
	RCAP2H	RCAP2L	实际波特率	RCAP2H	RCAP2L	实际波特率
4800	255	184	4800	255	178	4808
9600	255	220	9600	255	217	9615
115200	255	253	115200	255	253	~~125000~~

注：从表中可以看出，系统主频为 11.0592MHz 时实际波特率没有误差，这也就是系统主频常用 11.0592MHz 的原因。系统主频为 12MHz 时由于实际波特率存在误差，可能无法与其他串行设备正常通信。

IAP15 的 UART1 可以用 T1（方式 0，AUXR 中的 S1_ST2 为 0）或 T2（AUXR 中的 S1_ST2 为 1，复位值）作为波特率发生器，此时定时初值和波特率的关系是：

定时初值=65536-系统主频/波特率/48

波特率=系统主频/(65536-定时初值)/48

MCS51 UART 和 IAP15 UART1 常用波特率的定时初值对比如表 2.8 所示。

表 2.8　MCS51 UART 和 IAP15 UART1 常用波特率定时初值对比

波特率	MCS51（系统主频为 12MHz）			IAP15（系统主频为 12MHz）		
	RCAP2H	RCAP2L	实际波特率	T2H	T2L	实际波特率
4800	255	178	4808	255	204	4808
9600	255	217	9615	255	230	9615
115200	255	253	~~125000~~	255	254	~~125000~~

设计要求：用 UART 实现秒值显示和设置，波特率为 9600 波特。

串行口设计在数码管设计的基础上完成：在“D:\MCS51”文件夹中将“203_SEG”文件夹复制粘贴并重命名为“205_UART”文件夹。

2.5.1　原理图绘制

串行口原理框图如图 2.9 所示。

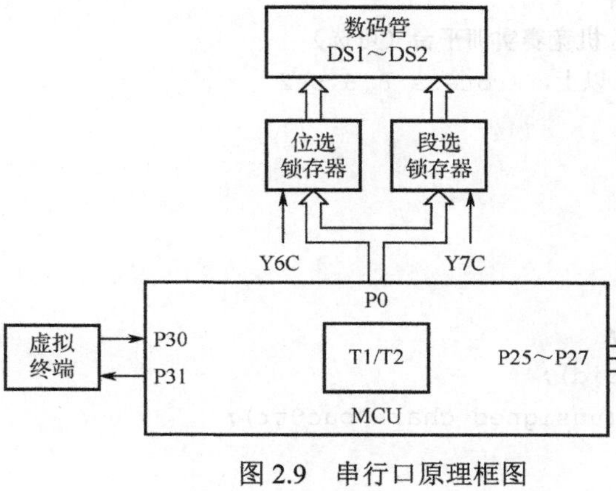

图 2.9　串行口原理框图

虚拟终端通过 P30（RxD）和 P31（TxD）与 MCU 相连。

在原理图中将矩阵键盘替换为“虚拟终端”（单击左侧的仪器按钮，在“INSTRU MENTS”（仪器）中选择“VIRTUAL TERMINAL”（虚拟终端），默认参数为：9600，8，N，1），如图 2.10 所示。

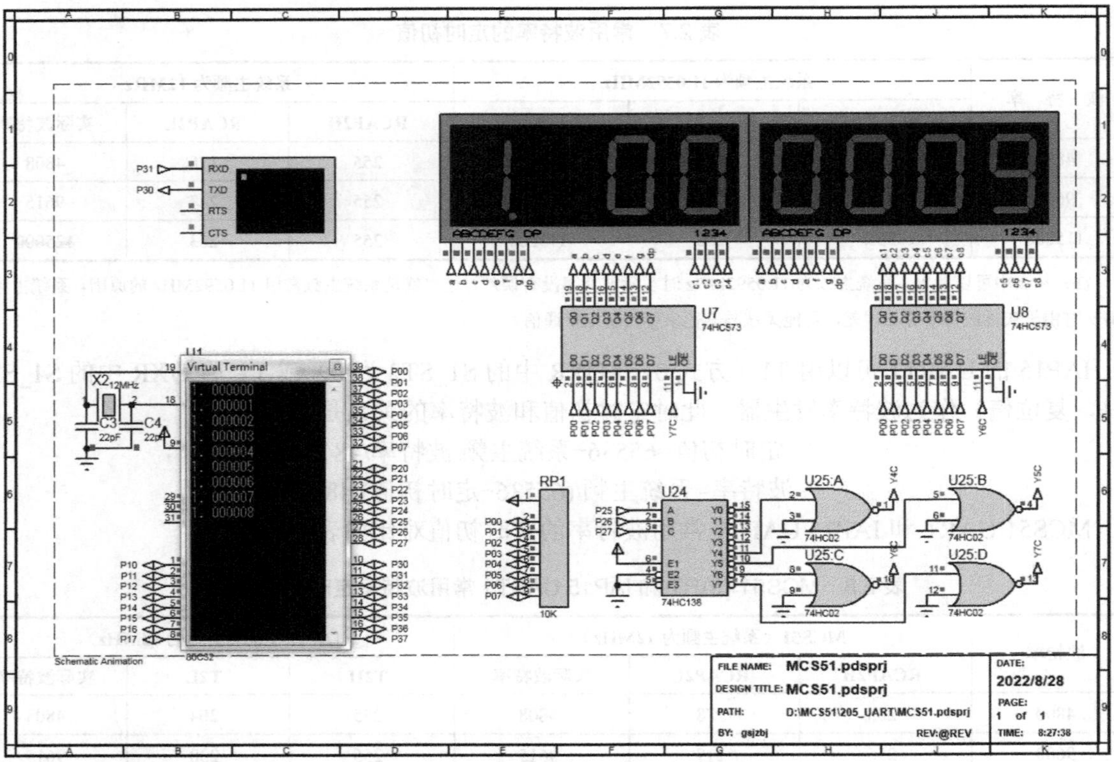

图 2.10　串行口原理图

2.5.2　源代码设计

串行口源代码设计包括 uart.h 设计、uart.c 设计和 main.c 设计。

（1）uart.h 设计

uart.h 设计如下：

```
/*
 * 程序说明：串行口头文件
 * 硬件环境：CT107D 单片机竞赛实训平台（可选）
 * 软件环境：Keil 5.00 以上，Proteus 8.6 SP2
 * 日期：2022/8/28
 * 作者：gsjzbj
 */
#ifndef __UART_H
#define __UART_H
void Uart_Init(void);
void Uart_Recvchar(void);
void Uart_Sendstring(unsigned char *pucStr);
#endif
```

（2）uart.c 设计

uart.c 设计如下：

```
/*
 * 程序说明：串行口库文件
 * 硬件环境：CT107D 单片机竞赛实训平台（可选）
 * 软件环境：Keil 5.00 以上，Proteus 8.6 SP2
 * 日期：2022/8/28
 * 作者：gsjzbj
 */
sfr SCON = 0x98;
sfr SBUF = 0x99;
sbit SM1 = SCON^6;
sbit REN = SCON^4;
sbit TI  = SCON^1;
sbit RI  = SCON^0;
#ifdef IAP15
sfr AUXR = 0x8E;
sfr T2H  = 0xD6;
sfr T2L  = 0xD7;
#else
sfr T2CON  = 0xC8;
sfr RCAP2L = 0xCA;
sfr RCAP2H = 0xCB;
sbit RCLK  = T2CON^5;
sbit TCLK  = T2CON^4;
sbit TR2   = T2CON^2;
#endif

extern unsigned char pucUart_Buf[2]; // 串行口缓存
extern unsigned char ucUart_Num;     // 串行口接收字符计数

void Uart_Init(void)                 // 9600bit/s@12.000MHz
{
  SM1 = 1;                           // 方式 1：8 位 UART,波特率可变
  REN = 1;                           // 允许接收
#ifdef IAP15
  T2L = 230;                         // 设置定时初值低 8 位
  T2H = 255;                         // 设置定时初值高 8 位
  AUXR |= 0x11;                      // 选择 T2 作为波特率发生器，启动 T2
#else
  RCAP2L = 217;                      // 设置定时初值低 8 位
  RCAP2H = 255;                      // 设置定时初值高 8 位
  TCLK = 1;                          // T2 作为串行口发送时钟
  RCLK = 1;                          // T2 作为串行口接收时钟
  TR2 = 1;                           // 启动 T2
```

```
#endif
}
// 接收字符
void Uart_Recvchar(void)
{
  if (RI)
  {
    pucUart_Buf[ucUart_Num++] = SBUF;     // 接收字符
    RI = 0;                               // 清除 RI 标志
  }
}
// 发送字符串
void Uart_Sendstring(unsigned char *pucStr)
{
  while(*pucStr != '\0')
  {
    SBUF = *pucStr++;                     // 发送字符
    while (!TI);                          // 等待发送完成
    TI = 0;                               // 清除 TI 标志
  }
}
```

（3）main.c 设计

main.c 设计如下：

```
/*
 * 程序说明：将秒值发送到虚拟终端，在虚拟终端输入两个数字可以设置秒值
 * 硬件环境：CT107D 单片机竞赛实训平台（可选）
 * 软件环境：Keil 5.00 以上，Proteus 8.6 SP2
 * 日期：2022/8/28
 * 作者：gsjzbj
 */
#include <stdio.h>
#include "tim.h"
#include "seg.h"
#include "uart.h"

unsigned char ucSec, ucSec1;              // 秒值
unsigned int  uiSeg_Dly;                  // 显示刷新延时
unsigned char ucSeg_Dly;                  // 显示移位延时
unsigned char pucSeg_Char[12];            // 显示字符
unsigned char pucSeg_Code[8];             // 显示代码
unsigned char ucSeg_Pos;                  // 显示位置
unsigned char pucUart_Buf[2];             // 串行口缓存
unsigned char ucUart_Num;                 // 串行口接收字符计数

void Seg_Proc(void);
```

```
void Uart_Proc(void);

void main(void)
{
  Close_Peripheral();
  T1_Init();
  Uart_Init();

  while (1)
  {
    T1_Proc();
    Seg_Proc();
    Uart_Proc();
  }
}
// 数码管处理
void Seg_Proc(void)
{
  if (uiSeg_Dly > 500)
  {
    uiSeg_Dly = 0;

    sprintf(pucSeg_Char, "1. %06u\r\n", (unsigned int)ucSec);
    Seg_Tran(pucSeg_Char, pucSeg_Code);
  }
  if (ucSeg_Dly > 2)
  {
    ucSeg_Dly = 0;

    Seg_Disp(pucSeg_Code, ucSeg_Pos);
    ucSeg_Pos = ++ucSeg_Pos & 7;          // 数码管循环显示
  }
}
// UART 处理
void Uart_Proc(void)
{
  if (ucSec1 != ucSec)                    // 1s 时间到
  {
    ucSec1 = ucSec;

    if (ucUart_Num == 0)
      Uart_Sendstring(pucSeg_Char);     // 发送秒值
  }
  Uart_Recvchar();                        // 可用中断方式实现
  if (ucUart_Num == 2)
  {                                       // 设置秒值
```

```
      ucSec = ((pucUart_Buf[0]-'0')*10) + pucUart_Buf[1]-'0';
      ucUart_Num = 0;
      Uart_Sendstring("\r\n\0");          // 发送回车换行
    }
  }
```

思考：

① 串行口的指标有哪两个？波特率如何确定？

② 串行口的发送和接收标志各是什么？如何使用？

扩展：将波特率修改为 4800 波特。

注意：收发双方波特率和数据格式要一致。

2.5.3 源代码调试

串行口源代码调试包括 UART 初始化调试、发送字符串调试和接收字符调试。

单击“开始仿真”按钮▶，进入调试状态。

（1）UART 初始化调试

UART 初始化调试的步骤如下：

① 单击“单步”按钮，运行 Close_Peripheral()和 T1_Init()语句，单击“跳进函数”按钮，进入 UART 初始化函数 Uart_Init()。

② 单击“单步”按钮2 次，SCON 的值变为 80（0x50：SM1=1，REN=1）。

③ 再单击“单步”按钮2 次，RCAP2L 和 RCAP2H 的值分别变为 217（0xD9）和 255（0xFF），设置波特率为 9600 波特（主频 12MHz）。

④ 再单击“单步”按钮3 次，T2CON 的值变为 52（0x34：RCLK=1，TCLK=1，TR2=1）。

⑤ 单击“单步”按钮，退出 Uart_Init()函数，回到 main()函数。

（2）发送字符串调试

发送字符串调试的步骤如下：

① 单击 Uart_Proc()函数中的下列语句：

```
Uart_Sendstring(pucSeg_Char);
```

再单击“跳到光标处”按钮，运行程序，程序停在上列语句处。

② 单击“单步”按钮，运行发送字符串函数 Uart_Sendstring()，发送字符串 pucSeg_Char 的内容是“49（‘1’），46（‘.’），32（‘’），48（‘0’），48，48，48，48，48，13（回车），10（换行），00（字符串结束）”，虚拟终端中显示“1. 000000”。

（3）接收字符调试

接收字符调试的步骤如下：

① 单击“跳进函数”按钮，进入接收字符函数 Uart_Recvchar()。

② 在 Uart_Recvchar()函数中的下列语句处设置断点■：

```
RI = 0;                      // 清除 RI 标志
```

单击“运行仿真”按钮，运行程序，虚拟终端中显示变化的秒值。

③ 在虚拟终端中输入一个数字（例如 3），程序停在断点处：pucUart_Buf[0]的值变为 51（‘3’），ucUart_Num 的值变为 1。

④ 再单击“运行仿真”按钮，运行程序，在虚拟终端中输入第 2 个数字（例如 4），程序

再次停在断点处：pucUart_Buf[1]的值变为 52（'4'），ucUart_Num 的值变为 2。

⑤ 取消断点，单击"跳出函数"按钮，跳出 Uart_Recvchar()，回到 Uart_Proc()，由于 ucUart_Num 的值为 2，运行程序，设置 ucSec 的值为"34"，ucUart_Num 的值清 0，并发送回车换行。

⑥ 单击"运行仿真"按钮，运行程序，虚拟终端中从设置的秒值开始，重新显示变化的秒值。

⑦ 单击"停止仿真"按钮■，停止程序运行。

注意：竞赛实训平台上的 P30 和 P31 通过 USB 转串口芯片与 USB 插座相连，可以通过 USB 线与计算机通信。由于竞赛实训平台上的 P30 和 P31 还用于程序的下载和调试，所以串行口通信与程序的下载和调试不能同时进行。

2.6 中断

中断是重要的接口数据传送控制方式，可以使 CPU 具有实时处理事件的能力，当事件发生时，CPU 暂停正在执行的程序转去对事件进行处理，处理完成后再返回原来的程序继续执行。发生的事件称为中断源，中断源产生中断请求，在中断允许的情况下 CPU 响应中断，执行中断处理程序。

中断处理程序与子程序有相似之处，但也有下列本质区别：

- 什么时候调用子程序是确定的，而什么时候产生中断是不确定的。
- 子程序的起始地址由调用程序给出，而 MCS51 中断程序的起始地址是固定的。
- 子程序的执行一般是无条件的，而中断处理程序的执行要先使能中断。

为了区分不同的重要程度，中断具有优先级，高优先级的中断可以中断低优先级的中断处理，但任何中断不能中断相同优先级的中断处理。

MCS51 有 6 个中断源：INT0、T0、INT1、T1、UART 和 T2。IAP15 有 14 个中断源：INT0、T0、INT1、T1、UART1、ADC、LVD（低电压检测）、CCP（比较/捕捉/PWM）、UART2、SPI、INT2、INT3、T2 和 INT4。MCS51 和 IAP15 都有 2 个中断优先级。

中断源信息如表 2.9 所示。

表 2.9 MCS51 和 IAP15 中断源信息

中断源	中断号	中断向量地址	中断请求标志位	中断允许控制位	中断优先级设置
MCS51 和 IAP15 兼容中断					
INT0	0	0003H	IE0	EX0/EA	PX0
T0	1	000BH	TF0	ET0/EA	PT0
INT1	2	0013H	IE1	EX1/EA	PX1
T1	3	001BH	TF1	ET1/EA	PT1
UART1	4	0023H	RI+TI	ES/EA	PS
MCS51 中断					
T2	5	002BH	TF2	ET2/EA	PT2
IAP15 中断					
ADC	5	002BH	ADC_FLAG	EADC/EA	PADC
LVD	6	0033H	LVDF	ELVD/EA	PLVD

续表

中　断　源	中　断　号	中断向量地址	中断请求标志位	中断允许控制位	中断优先级设置
CCP	7	003BH	CF+CCF0+ CCF1+CCF2	(ECF+ECCF0+ ECCF1+ECCF2)/EA	PPCA
UART2	8	0043H	S2RI+S2TI	ES2/EA	PS2
SPI	9	004BH	SPIF	ESPI/EA	PSPI
INT2	10	0053H	-	EX2/EA	0
INT3	11	005BH	-	EX3/EA	0
T2	12	0063H	-	ET2/EA	0
INT4	16	0083H	-	EX4/EA	0

与中断相关的特殊功能寄存器（SFR）如表 2.10 所示。

表 2.10　与中断相关的特殊功能寄存器

名　称	地　址	D7	D6	D5	D4	D3	D2	D1	D0
TCON	88H	TF1	TR1	TF0	TR0	IE1	IT1	IE0	IT0
INT_CLKO AUXR2	8FH	-	EX4	EX3	EX2	MCKO_S2	T2CLKO	T1CLKO	T0CLKO
IE	A8H	**EA**	ELVD	EADC	**ES**	**ET1**	**EX1**	**ET0**	**EX0**
IE2	AFH	-	-	-	-	-	ET2	ESPI	ES2
IP2	B5H	-	-	-	-	-	-	PSPI	PS2
IP	B8H	PPCA	PLVD	PADC	PS	PT1	PX1	PT0	PX0

中断允许位为 0 时禁止相应中断，为 1 时允许相应中断。EA 为 0 时禁止所有中断，为 1 时允许所有中断。中断优先级位为 0 时是低优先级中断，为 1 时是高优先级中断。

对于外部中断 INT0 和 INT1，TCON 中的 IT0 和 IT1 的值决定触发中断的条件，为 0 时上升沿和下降沿都可触发中断，为 1 是只有下降沿可以触发中断。INT0 和 INT1 的中断请求标志分别是 IE0 和 IE1，中断产生时由硬件置位，响应中断后由硬件复位。外部中断 INT2～INT4 都只能在下降沿触发中断，中断请求标志用户不可见，中断优先级固定为 0（低优先级）。

定时器中断 T0 和 T1 的中断请求标志分别是 TF0 和 TF1，中断产生时由硬件置位，响应中断后由硬件复位。

串行口的发送和接收共用一个中断，中断响应后必须在中断处理程序中通过查询中断请求标志判断是接收中断还是发送中断，然后分别进行处理，并用软件复位中断请求标志。

中断处理函数的一般形式为：

```
void 函数名(void) interrupt n [using m]
```

其中 n 是中断号（0～12，16），编译器从 8n+3 处产生中断入口地址。m 用来选择工作寄存器组（0～3）。using 是可选项，不选时编译器自动选择工作寄存器组。

应该特别注意：在任何情况下都不能直接调用中断处理函数，因此它不能进行参数传递，也没有返回值。

设计要求：用中断方式实现定时器处理。

中断的原理框图和原理图与串行口的相同，中断源代码设计在串行口源代码设计的基础上完成：在“D:\MCS51”文件夹中将“205_UART”文件夹复制粘贴并重命名为“206_INT”文件夹

2.6.1 源代码设计

定时器中断源代码设计包括 tim.h 修改、tim.c 修改和 main.c 修改。

（1）tim.h 修改

tim.h 修改如下：

注释掉下列函数声明：

```
//void T1_Proc(void);
```

（2）tim.c 修改

tim.c 修改如下：

① 添加下列特殊功能寄存器和控制位定义：

```
sfr  IE  = 0xA8;
sbit EA  = IE^7;
sbit ET1 = IE^3;
```

② 在 T1_Init()的后部添加下列语句：

```
ET1 = 1;                                    // 允许 T1 中断
EA = 1;                                     // 允许系统中断
```

③ 将下列函数名：

```
// T1 处理
void T1_Proc(void)
```

修改为：

```
// T1 中断处理
void T1_Proc(void) interrupt 3
```

④ 在 T1_Proc()中注释掉下列语句：

```
//if (!TF1)                                 // 1ms 时间未到
//  return;
//TF1 = 0;                                  // 清除 TF1 标志
```

（3）main.c 修改

main.c 修改如下：

```
/*
 * 程序说明：用中断方式实现定时器处理
 * 硬件环境：CT107D 单片机竞赛实训平台（可选）
 * 软件环境：Keil 5.00 以上，Proteus 8.6 SP2
 * 日期：2022/8/28
 * 作者：gsjzbj
 */
```

注释掉 while (1)中的下列语句：

```
//  T1_Proc();                              // 不能调用中断处理程序
```

思考：

① 中断操作主要包括哪两个步骤？

② 对比中断和查询程序，找出两者的不同点和相同点。

扩展：用中断方式实现串行口接收。

2.6.2 源代码调试

定时器中断源代码调试包括允许定时器中断调试和定时器中断处理调试。

单击“开始仿真”按钮，进入调试状态。

（1）允许定时器中断调试

允许定时器中断调试的步骤如下：

① 单击“跳进函数”按钮，进入 T1 初始化函数 T1_Init()。

② 单击“单步”按钮，运行下列语句：

```
ET1 = 1;                                  // 允许 T1 中断
EA = 1;                                   // 允许系统中断
```

IE 的值变为 136（0x88：EA=1，ET1=1）。

③ 单击“单步”按钮，退出 T1_Init()，回到 main()。

（2）定时器中断处理调试

由于主程序中不能调用中断处理程序，所以中断处理程序的调试方法和子程序的调试方法有所不同。定时器中断处理调试的步骤如下：

① 在 TIM.C 的 T1_Proc()中的下列语句处设置断点：

```
if (++uims == 1000)                       // 1s 时间到
```

单击“运行仿真”按钮，运行程序，程序停在断点处。

② 单击“单步”按钮，运行程序，uims 加 1，uiSeg_Dly 和 ucSeg_Dly 加 1。

③ 取消断点，单击“运行仿真”按钮，运行程序，数码管显示变化的秒值。

④ 单击“停止仿真”按钮，停止程序运行。

第 3 章　扩展模块设计与调试

本章介绍单片机扩展模块的设计与调试，包括实时钟、温度传感器、存储器、ADC/DAC、超声波距离测量和频率测量等。

3.1　实时钟 DS1302

DS1302 是美国 DALLAS 公司推出的一种高性能、低功耗、带 RAM 的实时时钟电路，可以对年、月、日、星期、时、分和秒进行计时，具有闰年补偿功能。

DS1302 采用三线接口与 CPU 进行同步通信，可采用突发方式一次传送多个字节的时钟或 RAM 数据。DS1302 的工作电压为 2.5～5.5V，8 引脚封装，引脚说明如表 3.1 所示。

表 3.1　DS1302 引脚说明

引　脚	功　能	方　向	说　明	引　脚	功　能	方　向	说　明
1	VCC2	输入	主电源（2.5～5.5V）	5	RST	输入	复位
2	X1	输入	32.768kHz 晶振	6	I/O	双向	数据输入/输出
3	X2	输出	32.768kHz 晶振	7	SCLK	输入	串行时钟
4	GND	-	地	8	VCC1	输入	后备电源

DS1302 的控制字节如图 3.1 所示。

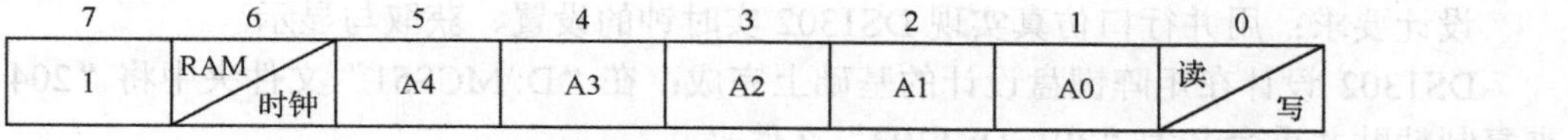

图 3.1　DS1302 控制字节

控制字节的第 7 位为 1，第 6 位为 0 时对实时钟进行操作，为 1 时对 RAM 进行操作，第 5～1 位为数据地址，第 0 位为 0 时执行写操作，为 1 时执行读操作。

DS1302 的读写时序如图 3.2 所示。

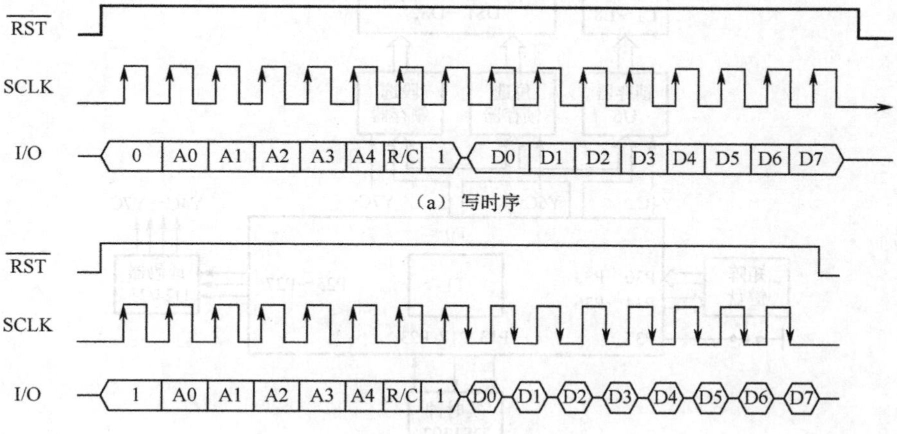

图 3.2　DS1302 读写时序

写时第一个字节是控制字节（第 0 位为 0），第二个字节是数据字节，控制字节和数据字节在 SCLK 的上升沿有效，低位在前高位在后，写期间 RST 信号必须为高电平。

读时首先写控制字节（第 0 位为 1），然后再读数据字节，写控制字节上升沿有效，读数据字节下降沿有效，也是低位在前高位在后，读期间 RST 信号也必须为高电平。

从读写时序可以看出，DS1302 的读写操作和 SPI 类似，但由于读写数据用的是一根数据线，所以无法用 SPI 接口直接实现，只能用并行口仿真实现。

DS1302 的实时钟寄存器如表 3.2 所示。

表 3.2　DS1302 实时钟寄存器

地　址	数　据								初 始 值	说　明
0	CH	秒十位			秒个位				0x80	秒：00～59，CH=1：时钟暂停
1	0	分十位			分个位				0	分：00～59
2	24/12	0	时 A/P	时	时个位				0	时：00～23/01～12
3	0	0	日十位		日个位				1	日：01～28/29/30/31
4	0	0	0	月	月个位				1	月：01～12
5	0	0	0	0	0	星期			1	星期：1～7
6	年十位				年个位				0	年：00～99
7	WP	0	0	0	0	0	0	0	0	控制，WP=1：写保护
8	TCS				DS		RS		0x5c	消流充电选择
31									-	时钟突发

设计要求：用并行口仿真实现 DS1302 实时钟的设置、获取与显示。

DS1302 设计在矩阵键盘设计的基础上完成：在“D:\MCS51”文件夹中将“204_KEY”文件夹复制粘贴并重命名为“301_DS1302”文件夹。

3.1.1　原理图绘制

DS1302 原理框图如图 3.3 所示。

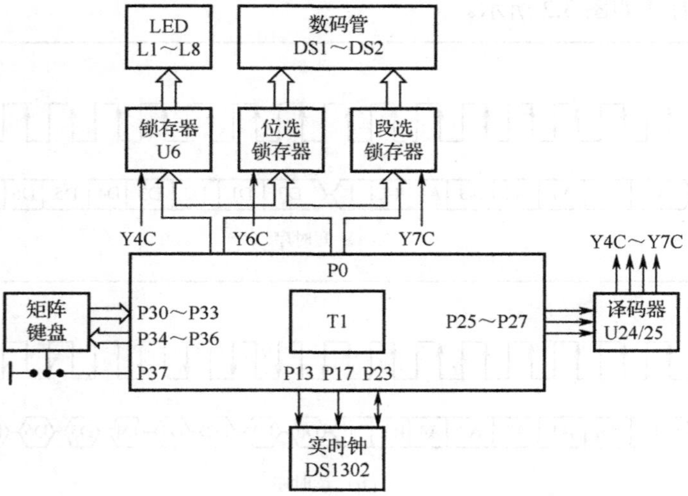

图 3.3　DS1302 原理框图

DS1302 通过 P13（RST）、P17（SCLK）和 P23（I/O）与 MCU 相连。

在原理图中添加器件“DS1302”和仪器“OSCILLOSCOPE”（示波器），按图 3.4 的布局和连接关系绘制原理图。

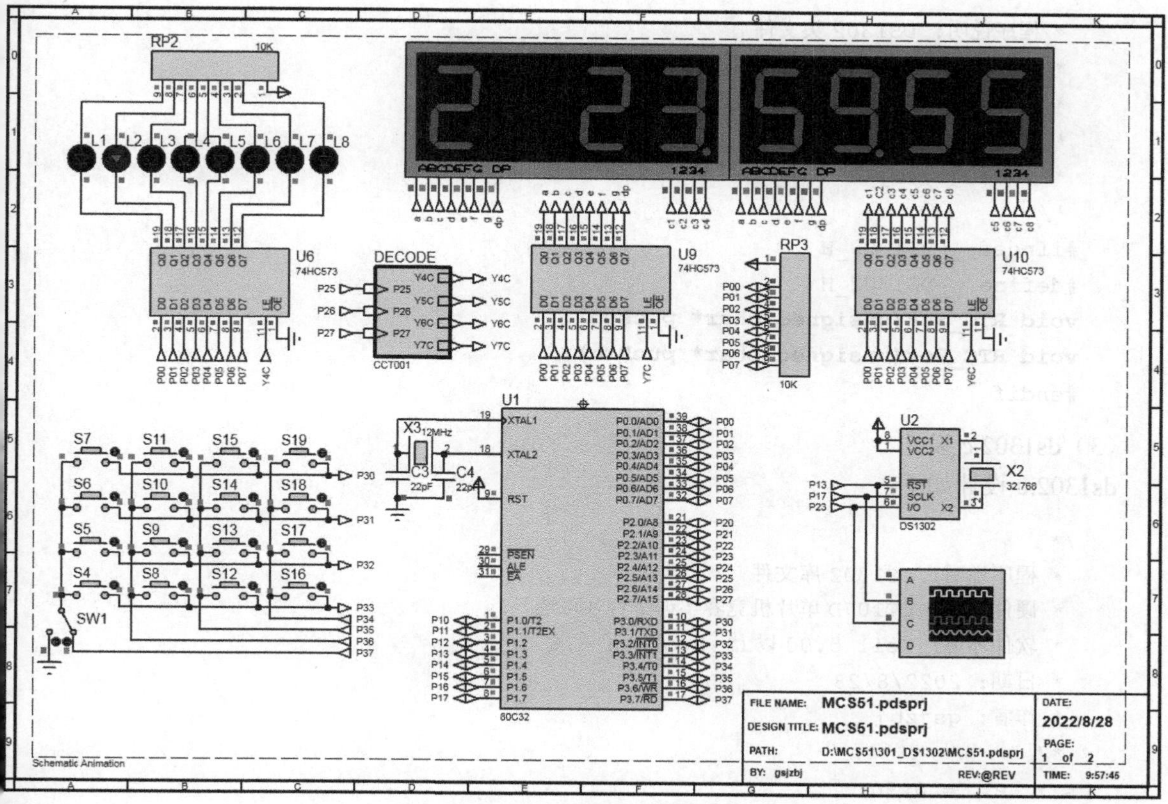

图 3.4　DS1302 原理图

为了简化电路，可以将译码电路用“子电路”模式实现，方法如下：

① 选择译码电路，右击电路，在弹出的菜单中单击“剪切到剪贴板”。

② 单击原理图绘制左侧的“子电路模式”按钮，在原理图中绘制子电路。

③ 双击子电路，将子电路名称（Name）修改为“DECODE”。

④ 在子电路左右边缘添加端口（PORT）P25～P27（输入）和 Y4C～Y7C（输出）。

⑤ 在子电路外部添加终端（TERMINAL）P25～P27（输入）和 Y4C～Y7C（输出）。

⑥ 右击子电路，在弹出菜单中单击“跳转到子图”。

⑦ 在子图中右击，在弹出的菜单中单击“从剪贴板粘贴”，将译码电路粘贴到子图中。

⑧ 右击子电路，在弹出的菜单中单击“退出到父图”。

3.1.2　源代码设计

DS1302 源代码设计包括 tim.c 修改、ds1302.h 设计、ds1302.c 设计和 main.c 设计。

（1）tim.c 修改

tim.c 修改如下：

删除下列外部变量声明和语句：

~~extern unsigned int uiKey_Time;   // 按键按下计时~~

~~uiKey_Time++;~~

（2）ds1302.h 设计

ds1302.h 设计如下：

```
/*
 * 程序说明：DS1302 头文件
 * 硬件环境：CT107D 单片机竞赛实训平台（可选）
 * 软件环境：Keil 5.00 以上，Proteus 8.6 SP2
 * 日期：2022/8/28
 * 作者：gsjzbj
 */
#ifndef __DS1302_H
#define __DS1302_H
void RTC_Set(unsigned char* pucRtc);
void RTC_Get(unsigned char* pucRtc);
#endif
```

（3）ds1302.c 设计

ds1302.c 设计如下：

```
/*
 * 程序说明：DS1302 库文件
 * 硬件环境：CT107D 单片机竞赛实训平台（可选）
 * 软件环境：Keil 5.00 以上，Proteus 8.6 SP2
 * 日期：2022/8/28
 * 作者：gsjzbj
 */
sfr  P1  = 0x90;
sfr  P2  = 0xA0;
sbit RST = P1^3;                    // DS1302 复位
sbit SCK = P1^7;                    // DS1302 时钟
sbit SDA = P2^3;                    // DS1302 数据
// DS1302 写操作
void DS1302_Write(unsigned char ucData)
{
 unsigned char i;

 for (i=0; i<8; i++)
 {
   SCK = 0;
   SDA = ucData & 1;
   ucData >>= 1;
   SCK = 1;
 }
}
// DS1302 写字节：ucAddr 的最低位为 0
void DS1302_WriteByte(unsigned char ucAddr, unsigned char ucData)
{
```

```
  RST = 0;
  SCK = 0;
  RST = 1;
  DS1302_Write(ucAddr);
  DS1302_Write(ucData);
  RST = 0;
}
// DS1302读字节：ucAddr的最低位为1
unsigned char DS1302_ReadByte(unsigned char ucAddr)
{
  unsigned char i, temp = 0;

  RST = 0;
  SCK = 0;
  RST = 1;
  DS1302_Write(ucAddr);
  for(i=0; i<8; i++)
  {
    SCK = 0;
    temp >>= 1;
    if(SDA) temp |= 0x80;
    SCK = 1;
  }
  RST = 0;
  SDA = 0;
  return temp;
}
// 设置RTC时钟：pucRtc-时钟值（时分秒：BCD码）
void RTC_Set(unsigned char* pucRtc)
{
  DS1302_WriteByte(0x8E, 0);           // WP=0：允许写操作
  DS1302_WriteByte(0x84, pucRtc[0]); // 设置时
  DS1302_WriteByte(0x82, pucRtc[1]); // 设置分
  DS1302_WriteByte(0x80, pucRtc[2]); // 设置秒
  DS1302_WriteByte(0x8E, 0x80);      // WP=1：禁止写操作
}
// 获取RTC时钟：pucRtc-时钟值（时分秒：BCD码）
void RTC_Get(unsigned char* pucRtc)
{
  pucRtc[0] = DS1302_ReadByte(0x85); // 读取时
  pucRtc[1] = DS1302_ReadByte(0x83); // 读取分
  pucRtc[2] = DS1302_ReadByte(0x81); // 读取秒
}
```

（4）main.c设计

main.c设计如下：

```
/*
 * 程序说明：设置 RTC，获取 RTC 并显示，S4 键和 S5 键切换状态，LED 显示状态
 * 硬件环境：CT107D 单片机竞赛实训平台（可选）
 * 软件环境：Keil 5.00 以上，Proteus 8.6 SP2
 * 日期：2022/8/28
 * 作者：gsjzbj
 */
#include <stdio.h>
#include "tim.h"
#include "seg.h"
#include "key.h"
#include "ds1302.h"

unsigned char ucState=1;             // 系统状态
unsigned char ucSec;                 // 秒值
unsigned int  uiSeg_Dly;             // 显示刷新延时
unsigned char ucSeg_Dly;             // 显示移位延时
unsigned char pucSeg_Char[12];       // 显示字符
unsigned char pucSeg_Code[8];        // 显示代码
unsigned char ucSeg_Pos;             // 显示位置
unsigned char ucKey_Dly;             // 按键延时
unsigned char ucKey_Old;             // 按键值
unsigned char ucLed;                 // LED 值
unsigned char pucRtc[3] = {0x23, 0x59, 0x50};

void Seg_Proc(void);
void Key_Proc(void);

void main(void)
{
  Close_Peripheral();
  T1_Init();
  RTC_Set(pucRtc);                   // 设置 RTC 时钟

  while (1)
  {
    T1_Proc();
    Seg_Proc();
    Key_Proc();
  }
}

void Seg_Proc(void)
{
  if (uiSeg_Dly > 500)               // 500ms 时间到
  {
```

```
    uiSeg_Dly = 0;

    switch (ucState)
    {
      case 0:                              // 显示 T1 时钟
        sprintf(pucSeg_Char, "1 %06u", (unsigned int)ucSec);
        break;
      case 1:                              // 显示 RTC 时钟
        RTC_Get(pucRtc);                   // 获取 RTC 时钟
        sprintf(pucSeg_Char, "2 %02x.%02x.%02x",\
          (unsigned int)pucRtc[0], (unsigned int)pucRtc[1],\
          (unsigned int)pucRtc[2]);
    }
    Seg_Tran(pucSeg_Char, pucSeg_Code);
  }
  if (ucSeg_Dly > 2)
  {
    ucSeg_Dly = 0;

    Seg_Disp(pucSeg_Code, ucSeg_Pos);
    ucSeg_Pos = ++ucSeg_Pos & 7;  // 数码管循环显示
  }
}

void Key_Proc(void)
{
  unsigned char ucKey_Val, ucKey_Dn, ucKey_Up;

  if (ucKey_Dly < 10)                      // 10ms 时间未到
    return;                                // 延时消抖
  ucKey_Dly = 0;

  ucKey_Val = Key_Read();                  // 读取按键值
  ucKey_Dn = ucKey_Val & (ucKey_Old ^ ucKey_Val);
  ucKey_Up = ~ucKey_Val & (ucKey_Old ^ ucKey_Val);
  ucKey_Old = ucKey_Val;                   // 保存按键值

  switch (ucKey_Dn)
  {
   case 4:                                 // S4 键
     ucState = 0;
     break;
   case 5:                                 // S5 键
     ucState = 1;
  }
  ucLed = 1<<ucState;
```

```
    Led_Disp(ucLed);                        // LED 显示状态
  }
```

程序流程图如图 3.5 所示。

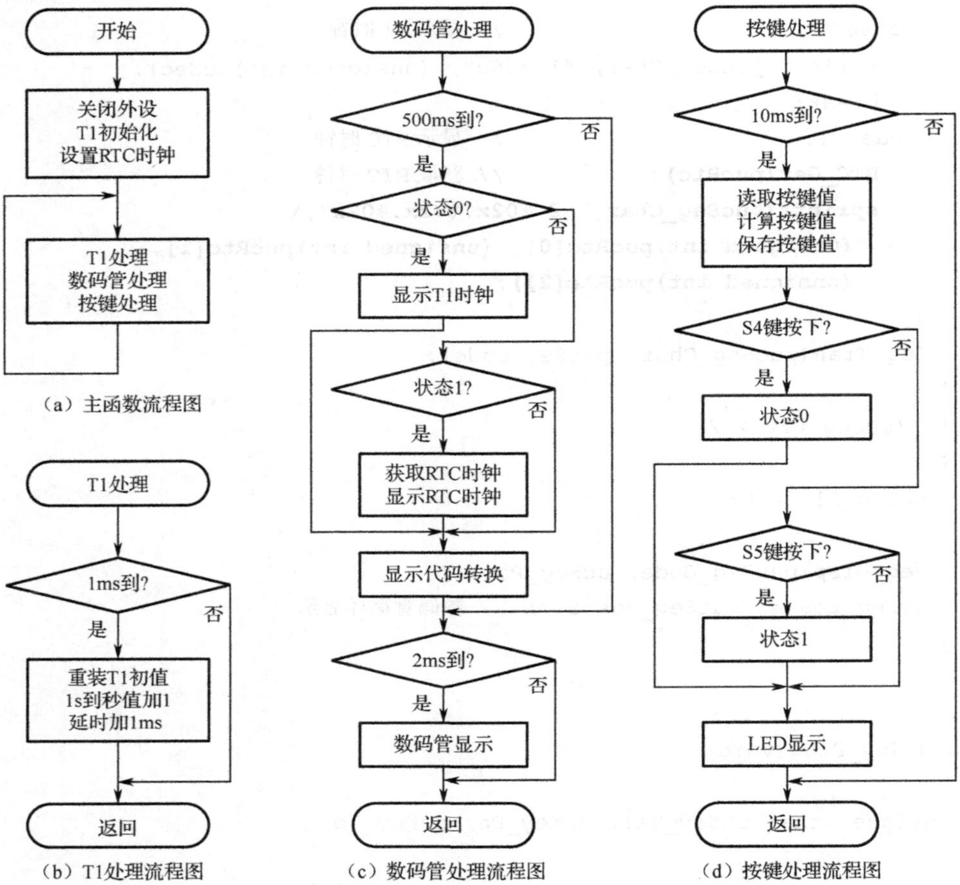

图 3.5　DS1302 程序流程图

思考：DS1302 的时分秒采用什么编码？显示时有什么特别之处？

扩展：用 DS1302 实现年月日及星期的设置、获取和显示。

注意：由于代码超过 2KB，默认工程设置不能满足要求，构建出错。可通过下列设置解决：单击“构建”菜单中的“工程设置”菜单项，打开工程选项对话框，选择“Options”标签，将选项“ROM”的值由“SMALL”修改为“COMPACT”或“LARGE”。

3.1.3　源代码调试

DS1302 源代码调试包括设置 RTC 时钟调试和获取 RTC 时钟调试。

单击“开始仿真”按钮，进入调试状态。单击“单步”按钮，运行关闭外设 Close_ Peripheral()和 T1 初始化 T1_Init()。

（1）设置 RTC 时钟调试

设置 RTC 时钟调试的步骤如下：

① 单击“跳进函数”按钮，进入设置 RTC 时钟函数 RTC_Set()，pucRtc[3]的值为 0x23、0x59 和 0x50（时钟 BCD 码）。

② 设置示波器为“One-Shot”（单次捕捉），单击“单步”按钮，运行下列语句：

```
DS1302_WriteByte(0x8E, 0);    // WP=0：允许写操作
```

示波器显示结果如图 3.6 所示（参考图 3.2（a））。

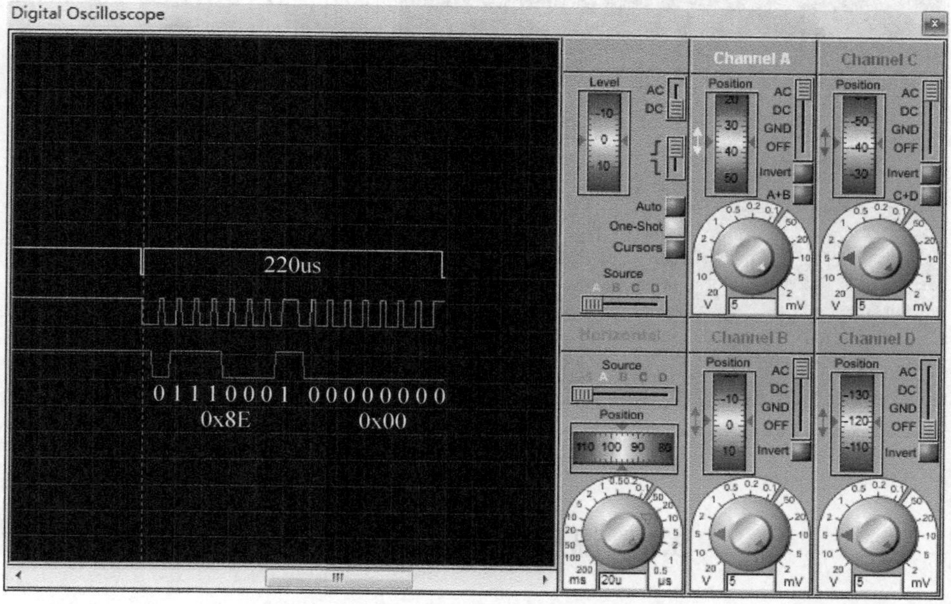

图 3.6　DS1302 写字节示波器显示结果

③ 单击“调试”菜单中“DS1302”下的“Clock”，显示 DS1302 中的时间（Time）和日期（Date）。
④ 单击“单步”按钮，运行设置 RTC 时钟程序，DS1302 中的时间（Time）变为“23-59-50”。
⑤ 单击“跳出函数”按钮，退出设置 RTC 时钟函数。

（2）获取 RTC 时钟调试

获取 RTC 时钟调试的步骤如下。

① 单击 Seg_Proc()中的下列语句：

```
RTC_Get(pucRtc);                    // 获取 RTC 时钟
```

单击“跳到光标处”按钮，运行上列语句。
② 单击“跳进函数”按钮，进入获取 RTC 时钟函数 RTC_Get()。
③ 再次设置示波器为“One-Shot”（单次捕捉），运行下列语句：

```
pucRtc[0] = DS1302_ReadByte(0x85);    // 读取时
```

示波器显示结果如图 3.7 所示（参考图 3.2（b））。
④ 单击“跳出函数”按钮，获取 RTC 时钟并退出获取 RTC 时钟函数。
⑤ 单击“运行仿真”按钮，数码管显示“2 23.59.50”并开始计时，L2 点亮。
⑥ 单击“S4”键，L1 点亮，数码管显示“1 000005”（T1 时钟）。
⑦ 单击“S5”键，L2 点亮，数码管重新显示 RTC 时钟。
⑧ 单击“停止仿真”按钮，停止程序仿真。

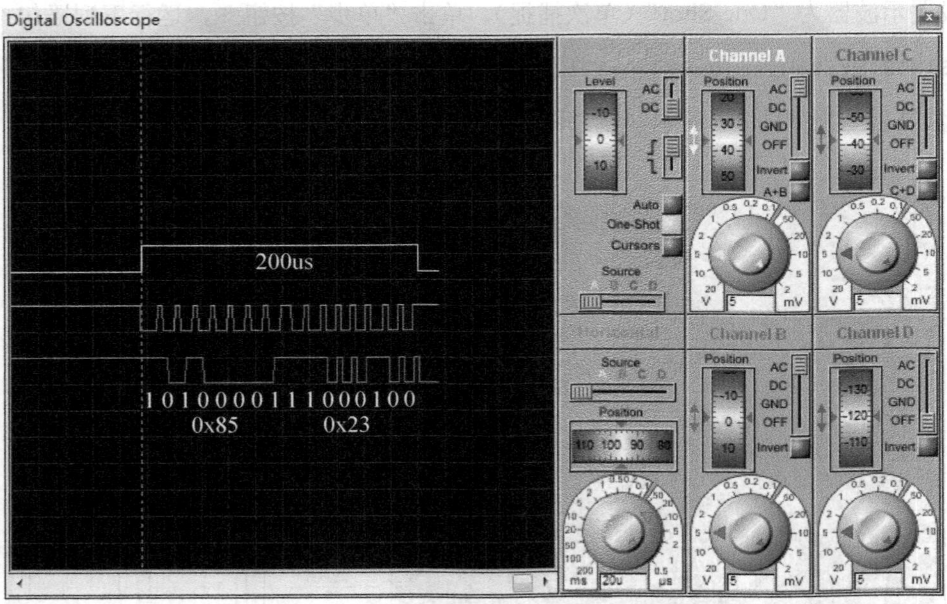

图 3.7　DS1302 读字节示波器显示结果

3.2　温度传感器 DS18B20

温度传感器是一种将温度转换为可传送的标准化输出信号的传感器。温度传感器按测量方式可分为接触式和非接触式两大类，按照传感器材料及电子元件特性分为热电阻和热电偶两类。多用于温度探测、检测、显示、温度控制和过热保护等领域。

接触式温度传感器的检测部分与被测对象有良好的接触，又称温度计。温度计通过传导或对流达到热平衡，从而使温度计的示值能直接表示被测对象的温度，一般测量精度较高。在一定的测温范围内，温度计也可测量物体内部的温度分布。但对于运动体、小目标或热容量很小的对象则会产生较大的测量误差。

常用的温度计有双金属温度计、玻璃液体温度计、压力式温度计、电阻温度计、热敏电阻温度计和温差电偶温度计等。它们广泛应用于工业、农业和商业等部门。在日常生活中人们也常常使用这些温度计。

非接触式温度传感器的敏感元件与被测对象不接触，又称非接触式测温仪表。这种仪表可用来测量运动物体、小目标和热容量小或温度变化迅速（瞬变）对象的表面温度，也可用于测量温度场的温度分布。

非接触测温的优点是测量上限不受感温元件耐温程度的限制，因而对最高可测温度原则上没有限制。对于 1800℃以上的高温，主要采用非接触测温方法。随着红外技术的发展，辐射测温逐渐由可见光向红外线扩展，700℃以下直至常温都已采用，且分辨率很高。

DS18B20 是单线接口数字温度传感器，测量范围是-55℃～+125℃，-10℃～+85℃范围内精度是±0.5℃，测量分辨率为 9～12 位（复位值为 12 位，最大转换时间为 750ms）。

DS18B20 包括寄生电源电路、64 位 ROM 和单线接口电路、暂存器、EEPROM、8 位 CRC 生成器和温度传感器等。寄生电源电路可以实现外部电源供电和单线寄生供电，64 位 ROM 中存放的 48 位序列号用于识别同一单线上连接的多个 DS18B20，以实现多点测温。

DS18B20 的操作包括下列 3 步：

● 复位
● ROM 命令
● 功能命令

DS18B20 ROM 命令如表 3.3 所示。

表 3.3　DS18B20 ROM 命令

命　令	代　码	参数或返回值	说　明
搜索 ROM	0xF0	-	搜索单线上连接的多个 DS18B20，搜索后重新初始化
读取 ROM	0x33	ROM 代码	读取单个 DS18B20 的 64 位 ROM 代码
匹配 ROM	0x55	ROM 代码	寻址指定 ROM 代码的 DS18B20
跳过 ROM	0xCC	-	寻址所有单线上连接的多个 DS18B20

DS18B20 功能命令如表 3.4 所示。

表 3.4　DS18B20 功能命令

命　令	代　码	参数或返回值	说　明
转换温度	0x44	0-转换，1-完成	启动温度转换，转换结果存放在暂存器的 0～1 字节
读暂存器	0xBE	9 字节数据	读取暂存器的 0～8 字节
写暂存器	0x4E	TH TL CR	将 TH、TL 和 CR 值写入暂存器的 2～4 字节
复制暂存器	0x48	-	将暂存器的 2～4 字节复制到 EEPROM
调回 EEPROM	0xB8	0-调回，1-完成	将 EEPROM 的值调回到暂存器的 2～4 字节
读电源模式	0xB4	-	确定 DS18B20 是否使用寄生供电模式

DS18B20 复位时序如图 3.8 所示。

单线空闲时为高电平，复位时 MCU 发送复位信号（低电平，持续时间为 480～60μs），然后切换到输入模式（单线由上拉电阻拉为高电平）等待 DS18B20 响应。DS18B20 检测到单线上升沿 15～60μs 后发出存在信号（低电平，持续时间为 60～240μs），然后释放单线（单线由上拉电阻拉为高电平）。

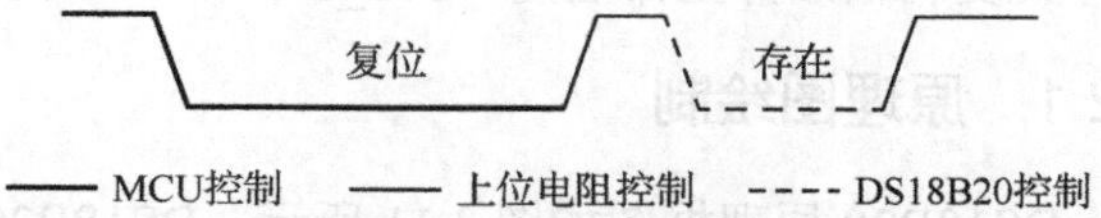

图 3.8　DS18B20 复位时序

DS18B20 写时序如图 3.9 所示。

写时序以 MCU 输出低电平开始，写 0 时低电平持续时间为 60～120μs，写 1 时低电平持续时间为 1～15μs，然后切换到输入模式（单线由上拉电阻拉为高电平）。DS18B20 检测到单线下降沿 15～60μs 内采样单线读取数据。写 1 位数据的持续时间必须大于 60μs，写两位数据的间隔时间必须大于 1μs。

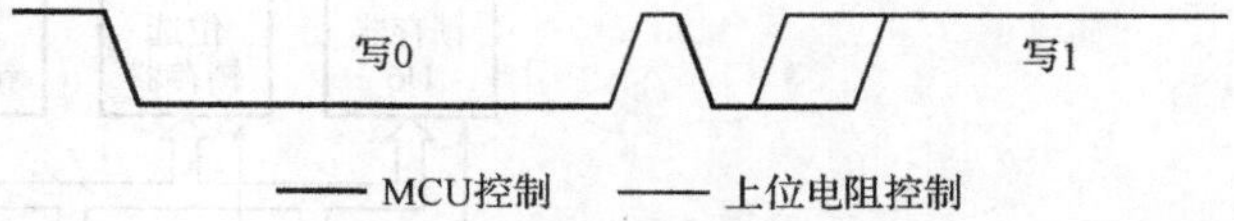

图 3.9　DS18B20 写时序

DS18B20 读时序如图 3.10 所示。

读时序以 MCU 发送读命令后输出低电平开始（低电平的持续时间必须大于 1μs），然后切换为输入模式；DS18B20 检测到单线下降沿后发送数据：发送 0 时输出低电平，发送 1 时保持高电平，发送数据在下降沿后 15μs 内有

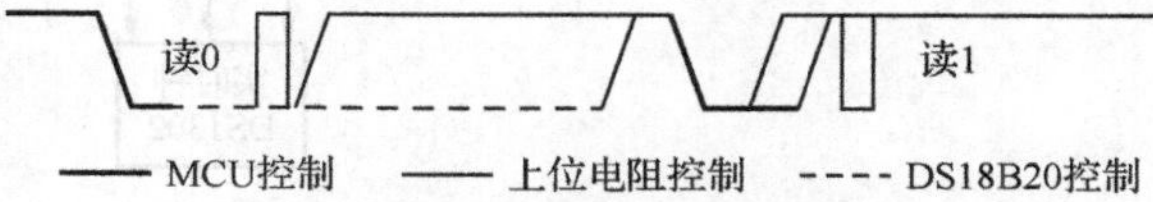

图 3.10　DS18B20 读时序

效；因此 MCU 必须在下降沿后 15μs 内采样单线读取数据。读 1 位数据的持续时间必须大于 60μs，读两位数据的间隔时间必须大于 1μs。

对比读写时序可以看出：读时序和写时序都是以低电平开始的，主要差别是 0 的操作：写 0 时由 MCU 控制单线，读 0 时则由 DS18B20 控制单线。而写 1 和读 1 时 MCU 和 DS18B20 都释放单线（单线由上拉电阻拉为高电平）。

因此读写操作可同时完成，除写 0 操作外，其他操作都可以在 1μs 后切换为输入模式，并在下降沿后 15μs 内采样单线：对于写 1 操作读入的是写的 1，而对于读 0 和读 1 操作，读入的则是 DS18B20 发送的数据。为了正常读出数据，在读操作前应当写 1。

DS18B20 的暂存器如表 3.5 所示。

表 3.5　DS18B20 暂存器

地　址	名　称	类　型	复 位 值	说　明
0	温度值低 8 位	只读	0x0550	b15～b11：符号位；b10～b4：7 位整数
1	温度值高 8 位	只读	(85℃)	b3～b0：4 位小数（补码）
2	TH 或用户字节 1	读写	EEPROM	b7：符号位；b6～b0：7 位温度报警高值（补码）
3	TL 或用户字节 2	读写	EEPROM	b7：符号位；b6～b0：7 位温度报警低值（补码）
4	配置寄存器 CR	读写	EEPROM	b6～b5：分辨率；00～11：9～12 位
5	保留	只读	0xFF	
6	保留	只读	0x0C	
7	保留	只读	0x10	
8	CRC	只读	EEPROM	暂存器 0～7 数据的 CRC 校验码

设计要求：编程实现 DS18B20 测量温度的读取与显示。

DS18B20 设计在 DS1302 设计的基础上完成：在“D:\MCS51”文件夹中将“301_DS1302”文件夹复制粘贴并重命名为“302_DS18B20”文件夹。

3.2.1　原理图绘制

DS18B20 原理框图如图 3.11 所示。DS18B20 通过 P14（DQ）与 MCU 相连。

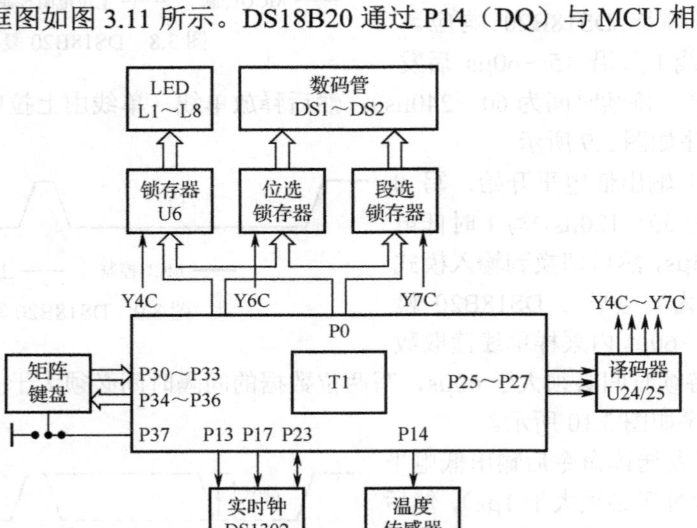

图 3.11　DS18B20 原理框图

在原理图中添加器件“DS18B20”，按图 3.12 的布局和连接关系绘制原理图。

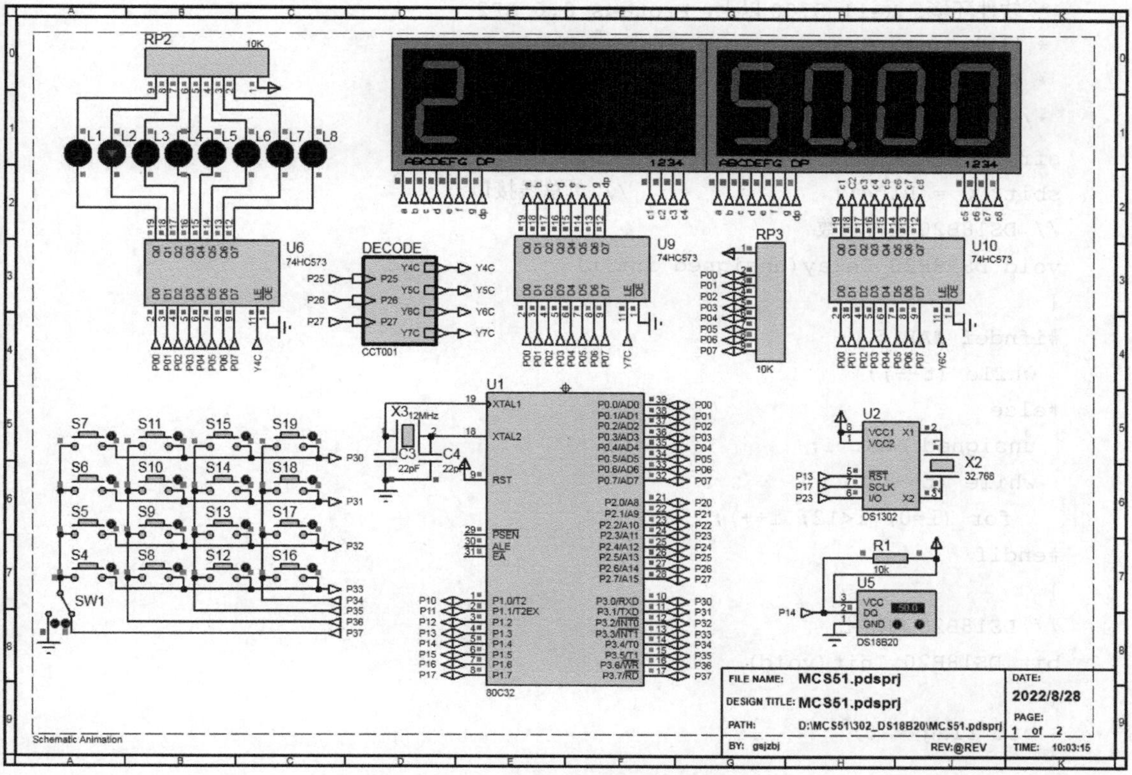

图 3.12　DS18B20 原理图

3.2.2　源代码设计

DS18B20 源代码设计包括 ds18b20.h 设计、ds18b20.c 设计和 main.c 修改。

（1）ds18b20.h 设计

ds18b20.h 设计如下：

```
/*
 * 程序说明：DS18B20 头文件
 * 硬件环境：CT107D 单片机竞赛实训平台（可选）
 * 软件环境：Keil 5.00 以上，Proteus 8.6 SP2
 * 日期：2022/8/28
 * 作者：gsjzbj
 */
#ifndef __DS18B20_H
#define __DS18B20_H
unsigned int Temp_Read(void);
#endif
```

（2）ds18b20.c 设计

ds18b20.c 设计如下：

```
/*
 * 程序说明：DS18B20 库文件
```

```
 * 硬件环境：CT107D 单片机竞赛实训平台（可选）
 * 软件环境：Keil 5.00 以上，Proteus 8.6 SP2
 * 日期：2022/8/28
 * 作者：gsjzbj
 */
sfr  P1 = 0x90;
sbit DQ = P1^4;                     // 单总线接口
// DS18B20 延时函数
void DS18B20_Delay(unsigned int t)
{
#ifndef IAP15
  while (t--);
#else
  unsigned char i;
  while (t--)
    for (i=0; i<12; i++);
#endif
}
// DS18B20 初始化
bit DS18B20_Init(void)
{
  bit flag = 0;

  DQ = 1;
  DS18B20_Delay(12);
  DQ = 0;
  DS18B20_Delay(80);
  DQ = 1;
  DS18B20_Delay(10);
  flag = DQ;
  DS18B20_Delay(5);

  return flag;
}
// DS18B20 写字节
void DS18B20_Write(unsigned char dat)
{
  unsigned char i;
  for (i=0; i<8; i++)
  {
    DQ = 0;
    DQ = dat & 1;
    DS18B20_Delay(5);
    DQ = 1;
    dat >>= 1;
  }
```

```
  DS18B20_Delay(5);
}
// DS18B20 读字节
unsigned char DS18B20_Read(void)
{
  unsigned char i, dat;

  for (i=0; i<8; i++)
  {
    DQ = 0;
    dat >>= 1;
    DQ = 1;
    if (DQ) dat |= 0x80;
    DS18B20_Delay(5);
  }
  return dat;
}

unsigned int Temp_Read(void)
{
  unsigned char low, high;

  DS18B20_Init();                    // 初始化
  DS18B20_Write(0xCC);               // 跳过 ROM
  DS18B20_Write(0x44);               // 启动温度转换

  DS18B20_Init();
  DS18B20_Write(0xCC);
  DS18B20_Write(0xBE);               // 读取温度值
  low = DS18B20_Read();              // 低字节
  high = DS18B20_Read();             // 高字节

  return (high<<8)+low;
}
```

(3) main.c 修改

main.c 修改如下:

```
/*
 * 程序说明: 读取温度值并显示, S4 键和 S5 键切换状态, LED 显示状态
 * 硬件环境: CT107D 单片机竞赛实训平台(可选)
 * 软件环境: Keil 5.00 以上, Proteus 8.6 SP2
 * 日期: 2022/8/28
 * 作者: gsjzbj
 */
```

① 包含下列头文件：

```
#include "ds18b20.h"
```

② 添加下列全局变量声明：

```
unsigned int  uiTemp;                    // 温度值
```

③ 将 Seg_Proc()中的下列语句：

```
switch (ucState)
{
  case 0:                              // 显示 T1 时钟
    sprintf(pucSeg_Char, "1 %06u", (unsigned int)ucSec);
    break;
  case 1:                              // 显示 RTC 时钟
    RTC_Get(pucRtc);                   // 获取 RTC 时钟
    sprintf(pucSeg_Char, "2 %02x.%02x.%02x",\
      (unsigned int)pucRtc[0], (unsigned int)pucRtc[1],\
      (unsigned int)pucRtc[2]);
}
```

替换为：

```
switch (ucState)
{
  case 0:                              // 显示 RTC 时钟
    RTC_Get(pucRtc);                   // 获取 RTC 时钟
    sprintf(pucSeg_Char, "1 %02x.%02x.%02x",\
      (unsigned int)pucRtc[0], (unsigned int)pucRtc[1],\
      (unsigned int)pucRtc[2]);
    break;
  case 1:                              // 显示温度值
    uiTemp = Temp_Read();
    sprintf(pucSeg_Char, "2   %04.2f", uiTemp/16.0);
}
```

思考：DS18B20 的最大转换时间是多少？如何缩短转换时间？
扩展：将 DS18B20 设置为 9 位分辨率。

3.2.3 源代码调试

DS18B20 源代码调试包括读取温度调试，具体步骤如下：

① 单击“开始仿真”按钮，进入调试状态。

② 单击 Seg_Proc()中的下列语句：

```
uiTemp = Temp_Read();
```

单击“跳到光标处”按钮，运行上列语句。

③ 单击“跳进函数”按钮，读取温度函数 Temp_Read()。

④ 单击“单步”按钮，启动温度转换，并读取温度值，low 的值为 0x50，high 的值为 0x05，返回值为 0x0550（85℃）。

⑤ 单击“运行仿真”按钮，运行程序，数码管显示“2　85.00”，然后显示 DS18B20 的温度值，L2 点亮。用示波器测量 P14 的波形，如图 3.13 所示。

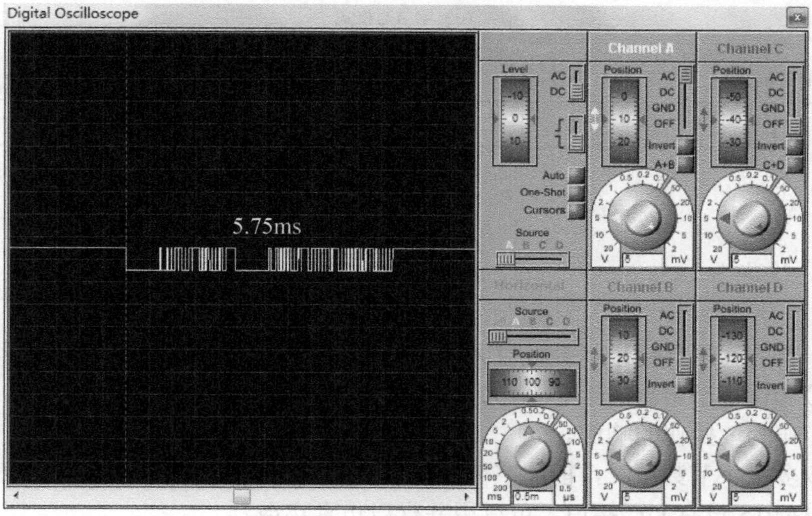

图 3.13　DS18B20 读写波形

⑥ 单击 DS18B20 的上下箭头可以增大或减小温度值。

⑦ 单击“S4”键，L1 点亮，数码管显示“2 00.00.08”（RTC 时钟）。

⑧ 单击“S5”键，L2 点亮，数码管重新显示温度值。

⑨ 单击“停止仿真”按钮，停止程序运行。

注意：在实训平台上运行程序时，可以用手捏住 DS18B20，数码管显示的值增大。

3.3　串行 EEPROM AT24C02

AT24C02 是 2kbit 串行 EEPROM，内部组织为 256×8bit，支持 16B 页写，写周期内部定时（小于 5ms），2 线 I2C 接口，可实现 8 个器件共用 1 个接口，工作电压 1.8～6.0V，8 引脚封装，引脚说明如表 3.6 所示。

表 3.6　AT24C02 引脚说明

引　脚	功　能	方　向	说　明	引　脚	功　能	方　向	说　明
1	A0	输入	器件地址 0	5	SDA	双向	串行数据
2	A1	输入	器件地址 1	6	SCL	输入	串行时钟
3	A2	输入	器件地址 2	7	WP	输入	写保护
4	GND	-	地	8	VCC	输入	电源

AT24C02 的字节读写格式如图 3.14 所示。

写数据时，首先写器件地址（最低位为 0：写操作），然后写数据地址和写字节数据，应答（ACK）由 AT24C02 发出，作为写操作的响应。

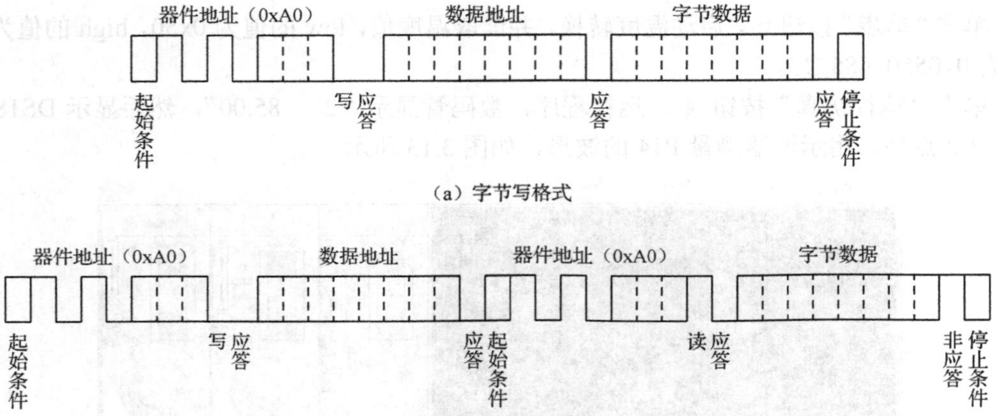

（a）字节写格式

（b）字节读格式

图 3.14　AT24C02 字节读写格式

读数据时，首先写器件地址（最低位为 0：写操作）和数据地址，然后再写器件地址（最低位为 1：读操作）和读字节数据。应答（ACK）由 AT24C02 发出，作为写操作的响应，非应答（NAK）由控制器发出，作为读操作的响应。

当连续读取多个字节数据时，前面字节数据后为应答，最后一个字节数据后为非应答。

MCS51 和 IAP15 没有 I2C 接口，可以用并行口仿真实现。

设计要求：用 AT24C02 记录系统启动次数并显示。

AT24C02 设计在 DS18B20 设计的基础上完成：在“D:\MCS51”文件夹中将“302_ DS18B20”文件夹复制粘贴并重命名为“303_AT24C02”文件夹。

3.3.1　原理图绘制

AT24C02 原理框图如图 3.15 所示。

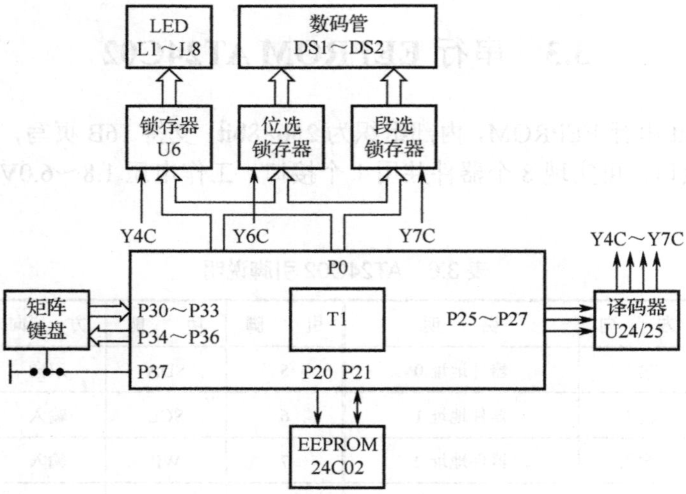

图 3.15　AT24C02 原理框图

AT24C02 通过 P20（SCK）和 P21（SDA）与 MCU 相连。

在原理图中添加器件“24C02C”和仪器“OSCILLOSCOPE”（示波器），按图 3.16 的布局和连接关系绘制原理图。

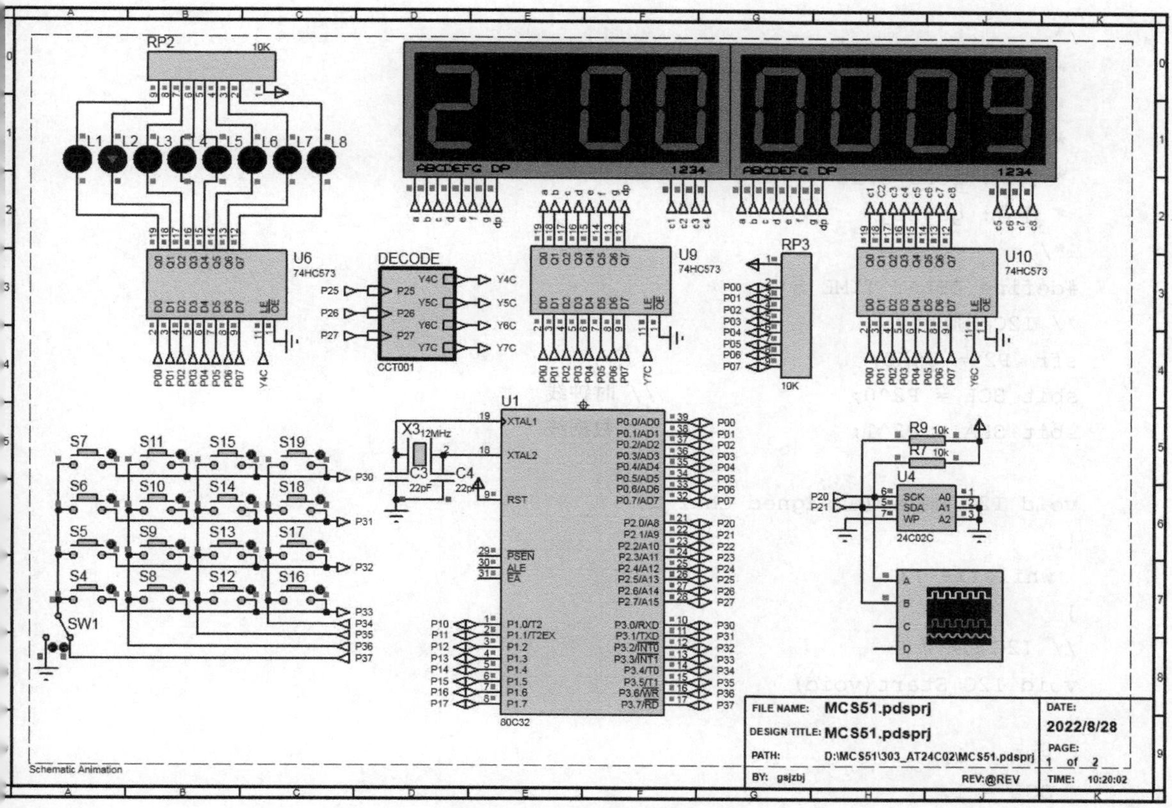

图 3.16　AT24C02 原理图

3.3.2　源代码设计

AT24C02 源代码设计包括 i2c.h 设计、i2c.c 设计和 main.c 设计。

（1）i2c.h 设计

i2c.h 设计如下：

```
/*
 * 程序说明：I2C 头文件
 * 硬件环境：CT107D 单片机竞赛实训平台（可选）
 * 软件环境：Keil 5.00 以上，Proteus 8.6 SP2
 * 日期：2022/8/28
 * 作者：gsjzbj
 */
#ifndef __I2C_H
#define __I2C_H
void AT24C02_Write(unsigned char* pucBuf,
  unsigned char addr, unsigned char num);
void AT24C02_Read(unsigned char* pucBuf,
  unsigned char addr, unsigned char num);
#endif
```

（2）i2c.c 设计

i2c.c 设计如下：

```
/*
 * 程序说明：I2C 库文件
 * 硬件环境：CT107D 单片机竞赛实训平台（可选）
 * 软件环境：Keil 5.00 以上，Proteus 8.6 SP2
 * 日期：2022/8/28
 * 作者：gsjzbj
 */
#define DELAY_TIME 5
// I2C 引脚定义
sfr  P2 = 0xA0;
sbit SCL = P2^0;                    // 时钟线
sbit SDA = P2^1;                    // 数据线

void I2C_Delay(unsigned char i)
{
  while(i--);
}
// I2C 起始条件
void I2C_Start(void)
{
  SDA = 1;
  SCL = 1;
  I2C_Delay(DELAY_TIME);
  SDA = 0;
  I2C_Delay(DELAY_TIME);
}
// I2C 停止条件
void I2C_Stop(void)
{
  SDA = 0;
  SCL = 1;
  I2C_Delay(DELAY_TIME);
  SDA = 1;
  I2C_Delay(DELAY_TIME);
}
// I2C 发送应答：0-应答，1-非应答
void I2C_SendAck(bit ackbit)
{
  SCL = 0;
  SDA = ackbit;
  I2C_Delay(DELAY_TIME);
  SCL = 1;
  I2C_Delay(DELAY_TIME);
  SCL = 0;
  SDA = 1;
  I2C_Delay(DELAY_TIME);
```

```
}
// I2C 等待应答
bit I2C_WaitAck(void)
{
  bit ackbit;

  SCL  = 1;
  I2C_Delay(DELAY_TIME);
  ackbit = SDA;
  SCL = 0;
  I2C_Delay(DELAY_TIME);
  return ackbit;
}
// I2C 发送数据
void I2C_SendByte(unsigned char dat)
{
  unsigned char i;

  for(i=0; i<8; i++)
  {
    SCL  = 0;
    I2C_Delay(DELAY_TIME);
    if(dat & 0x80) SDA  = 1;
    else SDA  = 0;
    I2C_Delay(DELAY_TIME);
    SCL = 1;
    dat <<= 1;
    I2C_Delay(DELAY_TIME);
  }
  SCL  = 0;
}
// I2C 接收数据
unsigned char I2C_RecvByte(void)
{
  unsigned char i, dat;

  for(i=0; i<8; i++)
  {
    SCL = 1;
    I2C_Delay(DELAY_TIME);
    dat <<= 1;
    if(SDA) dat |= 1;
    SCL = 0;
    I2C_Delay(DELAY_TIME);
  }
  return dat;
```

```
}
// AT24C02 缓存器写：pucBuf-数据，ucAddr-地址，ucNum-数量
void AT24C02_Write(unsigned char* pucBuf,
  unsigned char ucAddr, unsigned char ucNum)
{
  I2C_Start();
  I2C_SendByte(0xa0);                // 发送器件地址及控制位（写）
  I2C_WaitAck();

  I2C_SendByte(ucAddr);              // 发送数据地址
  I2C_WaitAck();

  while(ucNum--)
  {
    I2C_SendByte(*pucBuf++);         // 发送数据
    I2C_WaitAck();
    I2C_Delay(200);
  }
  I2C_Stop();
}
// AT24C02 缓存器读：pucBuf-数据，ucAddr-地址，ucNum-数量
void AT24C02_Read(unsigned char* pucBuf,
  unsigned char ucAddr, unsigned char ucNum)
{
  I2C_Start();
  I2C_SendByte(0xa0);                // 发送器件地址及控制位（写）
  I2C_WaitAck();

  I2C_SendByte(ucAddr);              // 发送数据地址
  I2C_WaitAck();

  I2C_Start();
  I2C_SendByte(0xa1);                // 发送器件地址及控制位（读）
  I2C_WaitAck();

  while(ucNum--)
  {
    *pucBuf++ = I2C_RecvByte();      // 接收数据
    if(ucNum) I2C_SendAck(0);
    else I2C_SendAck(1);
  }
  I2C_Stop();
}
```

（3）main.c 设计

main.c 设计如下：

```c
/*
 * 程序说明：用 AT24C02 记录系统启动次数并显示，S4 键切换状态，LED 显示状态
 * 硬件环境：CT107D 单片机竞赛实训平台（可选）
 * 软件环境：Keil 5.00 以上，Proteus 8.6 SP2
 * 日期：2022/8/28
 * 作者：gsjzbj
 */
#include <stdio.h>
#include "tim.h"
#include "key.h"
#include "seg.h"
#include "i2c.h"

unsigned char ucState=1;              // 系统状态
unsigned char ucSec;                  // 秒值
unsigned int  uiSeg_Dly;              // 显示刷新延时
unsigned char ucSeg_Dly;              // 显示移位延时
unsigned char pucSeg_Char[12];        // 显示字符
unsigned char pucSeg_Code[8];         // 显示代码
unsigned char ucSeg_Pos;              // 显示位置
unsigned char ucKey_Dly;              // 按键延时
unsigned char ucKey_Old;              // 按键旧值
unsigned char ucLed;                  // LED 值
unsigned char ucCnt;                  // 系统启动次数

void Seg_Proc(void);
void Key_Proc(void);

void main(void)
{
  Close_Peripheral();
  T1_Init();
  AT24C02_Read((unsigned char*)&ucCnt, 0, 1);
  ucCnt++;
  AT24C02_Write((unsigned char*)&ucCnt, 0, 1);

  while (1)
  {
    T1_Proc();
    Seg_Proc();
    Key_Proc();
  }
}

void Seg_Proc(void)
{
```

```
  if (uiSeg_Dly > 500)              // 500ms 时间到
  {
   uiSeg_Dly = 0;

   switch (ucState)
   {
     case 0:                        // 显示 T1 时钟
       sprintf(pucSeg_Char, "1 %06u", (unsigned int)ucSec);
       break;
     case 1:                        // 显示系统启动次数
       sprintf(pucSeg_Char, "2 %06u", (unsigned int)ucCnt);
   }
   Seg_Tran(pucSeg_Char, pucSeg_Code);
  }
  if (ucSeg_Dly > 2)
  {
   ucSeg_Dly = 0;

   Seg_Disp(pucSeg_Code, ucSeg_Pos);
   ucSeg_Pos = ++ucSeg_Pos & 7;  // 数码管循环显示
  }
}

void Key_Proc(void)
{
  unsigned char ucKey_Val, ucKey_Dn, ucKey_Up;

  if (ucKey_Dly < 10)               // 10ms 时间未到
   return;                          // 延时消抖
  ucKey_Dly = 0;

  ucKey_Val = Key_Read();           // 读取按键值
  ucKey_Dn = ucKey_Val & (ucKey_Old ^ ucKey_Val);
  ucKey_Up = ~ucKey_Val & (ucKey_Old ^ ucKey_Val);
  ucKey_Old = ucKey_Val;            // 保存按键值

  switch (ucKey_Dn)
  {
   case 4:                          // S4 键
     if (++ucState == 2)            // 切换状态
       ucState = 0;
     break;
   case 5:                          // S5 键
     break;
  }
  ucLed = 1<<ucState;
  Led_Disp(ucLed);                  // LED 显示状态
}
```

思考：对比 AT24C02 的字节读写格式，两者有什么相同点和不同点？

3.3.3 源代码调试

AT24C02 源代码调试包括 AT24C02 缓冲器读调试和 AT24C02 缓冲器写调试，具体步骤如下。

① 单击“开始仿真”按钮，进入调试状态。

② 单击“单步”按钮，运行关闭外设函数 Close_Peripheral()和 T1 初始化函数 T1_Init()。

③ 单击“调试”菜单中的“I2C Memory Internal Memory”菜单项，显示 AT24C02 存储器的内容，其中地址 0 的内容为 05（实际内容可能不同）。

④ 单击“单步”按钮，运行 AT24C02 缓冲器读函数 AT24C02_Read()，从地址 0 读出 1 个字节的数据到 ucCnt，并将 ucCnt 的值加 1。

⑤ 单击“单步”按钮，运行 AT24C02 缓冲器写函数 AT24C02_Write()，将 ucCnt 的值写到地址 0，地址 0 的内容为 06。

注意：可以用示波器观察缓冲器读写时 SCL 和 SDA 的波形。

⑥ 单击“运行仿真”按钮，运行程序，数码管显示“2 000006”（启动次数为 6）。

⑦ 单击“停止仿真”按钮，停止程序运行。

⑧ 单击“运行仿真”按钮，重新运行程序，数码管显示“2 000007”（启动次数为 7）。

⑨ 单击“停止仿真”按钮，停止程序运行。

3.4 8 位 ADC/DAC PCF8591

ADC（模数转换器）的主要功能是将模拟信号转化为数字信号，以便于微控制器进行数据处理。ADC 按转换原理分为逐次比较型、双积分型和Σ-Δ型。

逐次比较型 ADC 通过逐次比较将模拟信号转化为数字信号，转换速度快，但精度较低，是最常用的 ADC。

双积分型 ADC 通过两次积分将模拟信号转化为数字信号，精度高，抗干扰能力强，但速度较慢，主要用于万用表等测量仪器。

Σ-Δ型 ADC 具有逐次比较型和双积分型的双重优点，正在逐步广泛地得到应用。

ADC 的主要参数有采样速率、转换精度（位数）和转换时间。

DAC（数模转换器）的主要功能是将数字信号转化为模拟信号，DAC 的核心是权电阻网络和运算放大器，用于将数字信号转换成模拟电流和电压。

PCF8591 是 8 位 ADC/DAC 器件，具有 4 个模拟输入 AIN0～3、1 个模拟输出 AOUT 和 1 个 I2C 接口，工作电压 2.5～6.0V。

PCF8591 的控制字节格式如图 3.17 所示。

MSB							LSB
0	AOE	AI1	AI0	0	AIF	AD1	AD0

图 3.17　PCF8591 控制字节格式

其中，AOE 为模拟输出允许（1 有效），AI1 和 AI0 为模拟量输入选择（00-四路单端输入、01-三路差分输入、10-两路单端与一路差分输入、11-两路差分输入），AIF 为自动增加标志（1 有效，AD 通道自动增加），AD1 和 AD0 为 AD 通道号（00-通道 0，01-通道 1，10-通道 2，11-通道 3）。

设计要求：用 PCF8591 实现电位器电压的模数转换和数模转换并显示。

PCF8591 设计在 AT24C02 设计的基础上完成：在“D:\MCS51”文件夹中将“303_AT24C02”文件夹复制粘贴并重命名为“304_PCF8591”文件夹。

3.4.1　原理图绘制

PCF8591 原理框图如图 3.18 所示。

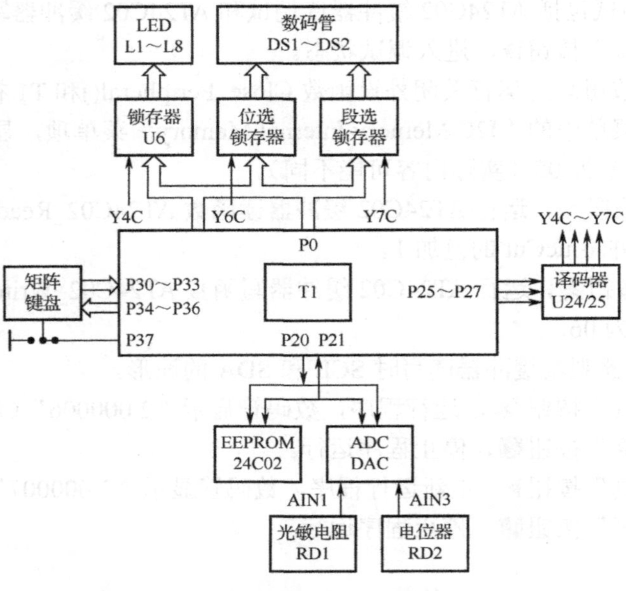

图 3.18　PCF8591 原理框图

PCF8591 通过 P20（SCK）和 P21（SDA）与 MCU 相连，PCF8591 的 AIN1 连接光敏电阻 RD1，AIN3 连接电位器 RB2。

在原理图中添加元器件“PCF8591”、“LDR”（光敏电阻）和“POT-HG”（电位器），按图 3.19 的布局和连接关系绘制原理图。

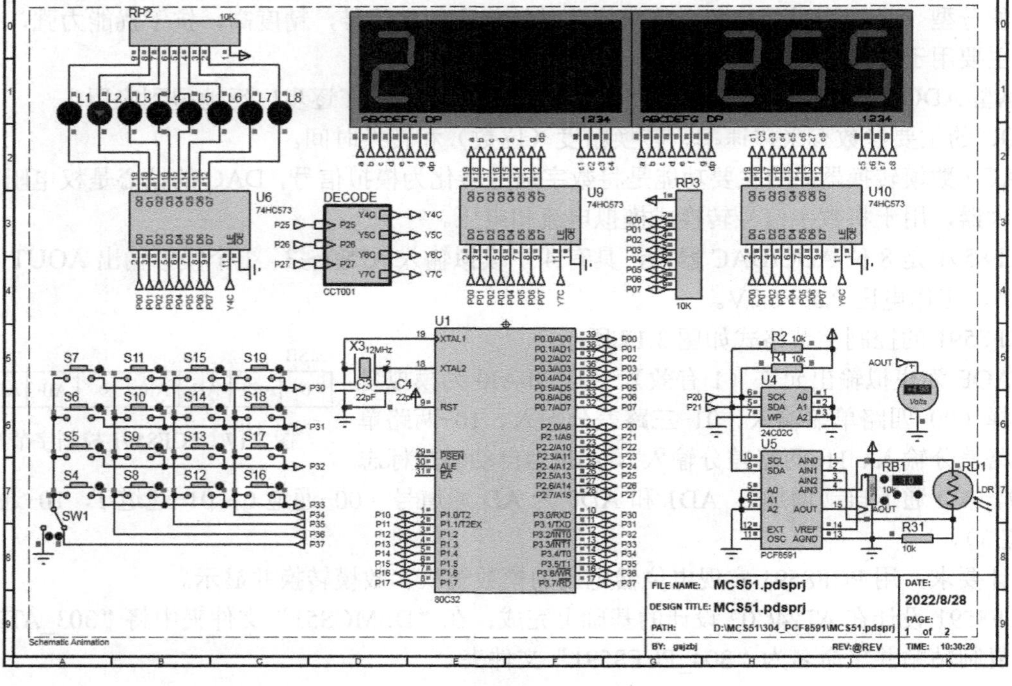

图 3.19　PCF8591 原理图

3.4.2 源代码设计

PCF8591 源代码设计包括 i2c.h 修改、i2c.c 修改和 main.c 修改。

（1）i2c.h 修改

在 i2c.h 中增加下列函数声明：

```
unsigned char PCF8591_Adc(unsigned char ucAin);
void PCF8591_Dac(unsigned char ucVal);
```

（2）i2c.c 修改

在 i2c.c 中增加下列函数体：

```
// PCF8591 ADC: ucAin-ADC 通道（0~3），返回值-ADC 值
unsigned char PCF8591_Adc(unsigned char ucAin)
{
  unsigned char temp;

  I2C_Start();
  I2C_SendByte(0x90);                // 发送器件地址及控制位（写）
  I2C_WaitAck();

  I2C_SendByte(ucAin + 0x40);        // 发送控制字（ADC 通道，允许 DAC）
  I2C_WaitAck();

  I2C_Start();
  I2C_SendByte(0x91);                // 发送器件地址及控制位（读）
  I2C_WaitAck();

  temp = I2C_RecvByte();             // 接收 ADC 值
  I2C_SendAck(1);
  I2C_Stop();

  return temp;
}
// PCF8591 DAC: ucVal-DAC 值
void PCF8591_Dac(unsigned char ucVal)
{
  I2C_Start();
  I2C_SendByte(0x90);                // 发送器件地址及控制位（写）
  I2C_WaitAck();

  I2C_SendByte(0x40);                // 发送控制字（允许 DAC）
  I2C_WaitAck();

  I2C_SendByte(ucVal);               // 发送 DAC 值
  I2C_WaitAck();
  I2C_Stop();
}
```

（3）main.c 修改

main.c 修改如下：

```
/*
 * 程序说明：用 PCF8591 ADC 读取电位器的电压并通过 DAC 输出，
 *           S4 键切换状态，LED 显示状态
 * 硬件环境：CT107D 单片机竞赛实训平台（可选）
 * 软件环境：Keil 5.00 以上，Proteus 8.6 SP2
 * 日期：2022/8/28
 * 作者：gsjzbj
 */
```

① 添加下列全局变量声明：

```
unsigned char ucAdc;                    // ADC 值
```

② 将 Seg_Proc()中的下列语句：

```
switch (ucState)
{
  case 0:                               // 显示 T1 时钟
    sprintf(pucSeg_Char, "1 %06u", (unsigned int)ucSec);
    break;
  case 1:                               // 显示系统启动次数
    sprintf(pucSeg_Char, "2 %06u", (unsigned int)ucCnt);
}
```

替换为：

```
switch (ucState)
{
  case 0:                               // 显示系统启动次数
    sprintf(pucSeg_Char, "1 %06u", (unsigned int)ucCnt);
    break;
  case 1:                               // 显示 ADC 值
    ucAdc = PCF8591_Adc(3);
    sprintf(pucSeg_Char, "2   %03u", (unsigned int)ucAdc);
    PCF8591_Dac(ucAdc);
}
```

思考：AT24C02 的读写操作和 PCF8591 的 ADC/DAC 操作有什么相同点和不同点？

扩展：

① 编程实现光敏电阻 RD1（AIN1）的检测与显示。

② 编程实现 DAC 输出，并通过 AIN0 进行检测与显示。

3.4.3 源代码调试

PCF8591 源代码调试包括 PCF8591 ADC 调试和 PCF8591 DAC 调试，具体步骤如下。

① 单击“开始仿真”按钮▶，进入调试状态。

② 单击 Seg_Proc()中的下列语句：

```
ucAdc = PCF8591_Adc(3);
```

单击“跳到光标处”按钮，运行上列语句。

③ 单击“单步”按钮，运行 PCF8591 ADC 函数，获取 ADC 值。

④ 单击“单步”按钮，运行 PCF8591 DAC 函数，输出 ADC 值。

⑤ 单击“运行仿真”按钮，运行程序，数码管显示 ADC 值，L2 点亮。

⑥ 单击电位器 RB2 的上下箭头或拖动电位器的中心抽头，可以改变 ADC 值。ADC 的值为 0 时，DAC 输出（电压表显示）0V，ADC 的值为 255 时，DAC 输出（电压表显示）4.98V（应为 5V，误差 0.02V）。

⑦ 单击“停止仿真”按钮，停止程序运行。

3.5 超声波距离测量

超声波传感器是将超声波信号转换成其他能量信号（通常是电信号）的传感器。超声波是振动频率高于 20kHz 的机械波，具有频率高、波长短、绕射现象小，特别是方向性好和能够成为射线而定向传播等特点。超声波传感器广泛应用在工业、国防和生物医学等方面。

常用的超声波传感器由压电晶片组成，既可以发射超声波，也可以接收超声波，有许多不同的结构，可分为直探头（纵波）、斜探头（横波）、表面波探头（表面波）、兰姆波探头（兰姆波）和双探头（一个探头发射、一个探头接收）等。

超声波距离传感器可以广泛应用在物位（液位）监测、机器人防撞、各种超声波接近开关以及防盗报警等相关领域，工作可靠，安装方便，发射夹角较小，灵敏度高，方便与工业显示仪表连接。

超声波距离传感器如图 3.20 所示，其中 VDD 为电源（3.0～5.5V），TRIG 为距离测量触发输入（脉宽大于 10us 的正脉冲），ECHO 为距离测量脉冲输出（脉宽为超声波往返时间的正脉冲），GND 为地。超声波距离传感器测量盲区小于 2cm，距离测量范围为 8m。

图 3.20 超声波距离传感器

设计要求：用超声波距离传感器实现距离测量。

超声波距离测量设计在 PCF8591 设计的基础上完成：在“D:\MCS51”文件夹中将“304_PCF8591”文件夹复制粘贴并重命名为“305_ULTRASONIC”文件夹。

3.5.1 原理图绘制

超声波距离测量原理框图如图 3.21 所示。超声波传感器通过 P10（TRIG）和 P11（ECHO）与 MCU 相连。

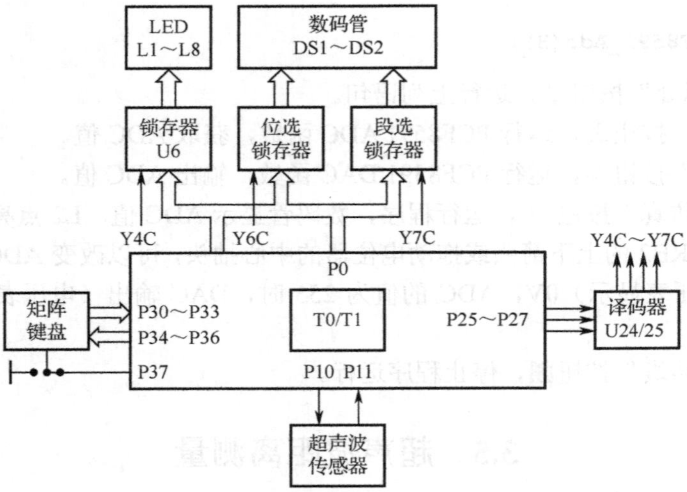

图 3.21　超声波距离测量原理框图

在原理图中添加器件“SRF04”和仪器“OSCILLOSCOPE”（示波器），按图 3.22 的布局和连接关系绘制原理图。

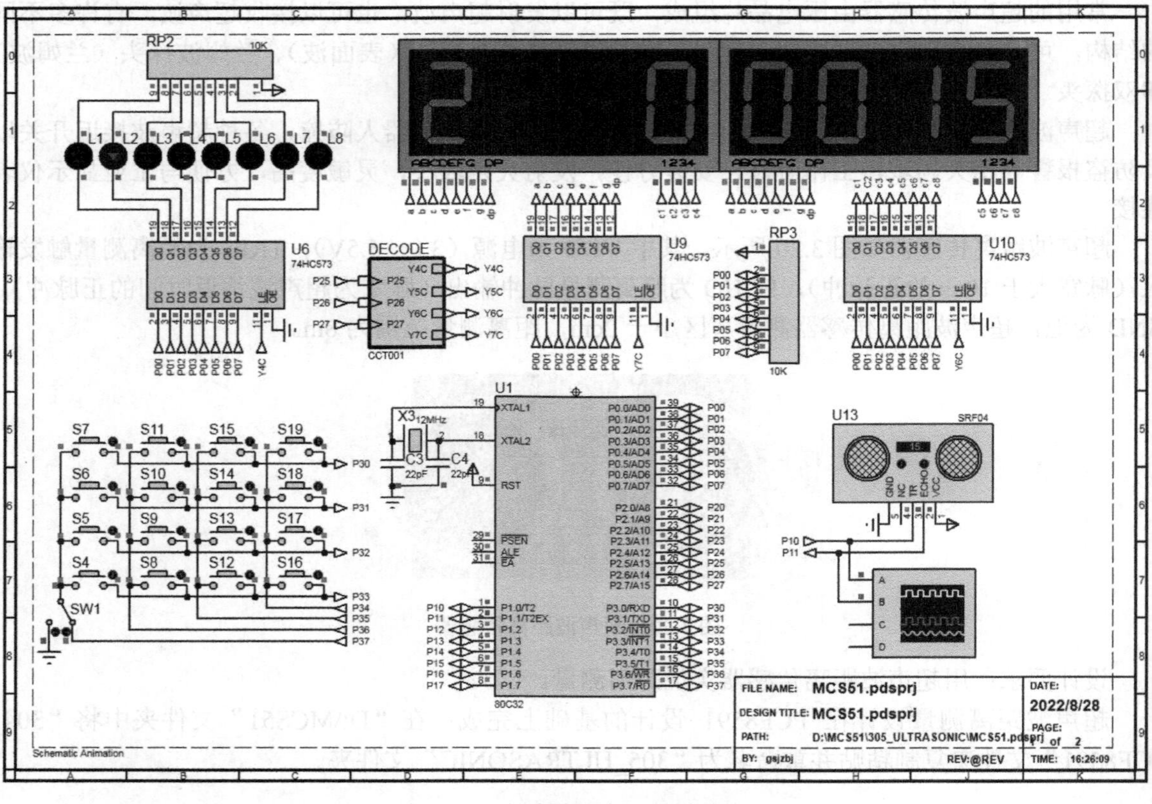

图 3.22　超声波距离测量原理图

3.5.2　源代码设计

超声波距离测量源代码设计包括 tim.h 修改、tim.c 修改和 main.c 设计。

（1）tim.h 修改

在 tim.h 中增加下列函数声明：

```
unsigned char Dist_Meas(void);
```

（2）tim.c 修改

在 tim.c 中增加下列代码：

```
sfr  TL0  = 0x8A;
sfr  TH0  = 0x8C;
sbit TR0  = TCON^4;
sbit TF0  = TCON^5;

sfr  P1 = 0x90;
sbit TX = P1^0;
sbit RX = P1^1;

unsigned char Dist_Meas(void)
{
  unsigned int uiNum = 10;

  TMOD &= 0xf0;
  TMOD |= 1;                              // 设置 T0 为 16 位定时方式
#ifdef IAP15
  // TX 引脚发送 40kHz 方波信号驱动超声波发送探头
  TX = 0;
  TL0 = 0xf4;                             // 设置 T0 低 8 位定时初值
  TH0 = 0xff;                             // 设置 T0 高 8 位定时初值
  TR0 = 1;                                // 定时器 0 计时
  while (uiNum--)
  {
    while (!TF0);                         // 等待定时时间到
    TX ^= 1;
    TL0 = 0xf4;                           // 设置 T0 低 8 位定时初值
    TH0 = 0xff;                           // 设置 T0 高 8 位定时初值
    TF0 = 0;
  }
  TR0 = 0;
#else
  TX = 1;                                 // 触发距离测量
  while (uiNum--);                        // 延时约 10us
  TX = 0;
  uiNum = 5000;
  while (!RX && (uiNum>0))               // 等待距离测量脉冲
    uiNum--;
  if(uiNum==0)                            // 超时返回 0
    return 0;
#endif
  // 接收计时
  TL0 = 0;                                // 设置定时初值
```

```
  TH0 = 0;                                   // 设置定时初值
  TR0 = 1;
  while (RX && !TF0);                        // 等待收到脉冲
  TR0 = 0;
  if(TF0)                                    // 超时返回 0
    return 0;
  else
    return ((TH0<<8)+TL0)*0.017+1;           // 计算距离
}
```

(3) main.c 设计

main.c 设计如下:

```
/*
 * 程序说明: 用 T0 实现超声波距离测量并显示, S4 键切换状态, LED 显示状态
 * 硬件环境: CT107D 单片机竞赛实训平台(可选)
 * 软件环境: Keil 5.00 以上, Proteus 8.6 SP2
 * 日期: 2022/8/28
 * 作者: gsjzbj
 */
#include <stdio.h>
#include "tim.h"
#include "seg.h"
#include "key.h"

unsigned char ucState=1;               // 系统状态
unsigned char ucSec;                   // 秒值
unsigned int  uiSeg_Dly;               // 显示刷新延时
unsigned char ucSeg_Dly;               // 显示移位延时
unsigned char pucSeg_Char[12];         // 显示字符
unsigned char pucSeg_Code[8];          // 显示代码
unsigned char ucSeg_Pos;               // 显示位置
unsigned char ucKey_Dly;               // 按键延时
unsigned char ucKey_Old;               // 按键旧值
unsigned char ucLed;                   // LED 值
unsigned char ucDist;                  // 距离值

void Seg_Proc(void);
void Key_Proc(void);

void main(void)
{
  Close_Peripheral();
  T1_Init();

  while (1)
  {
    T1_Proc();
    Seg_Proc();
```

```
    Key_Proc();
  }
}

void Seg_Proc(void)
{
  if (uiSeg_Dly > 500)                  // 500ms 时间到
  {
    uiSeg_Dly = 0;

    switch (ucState)
    {
      case 0:                           // 显示 T1 时钟
        sprintf(pucSeg_Char, "1 %06u", (unsigned int)ucSec);
        break;
      case 1:                           // 显示距离值
        ucDist = Dist_Meas();
        sprintf(pucSeg_Char, "2  %05u", (unsigned int)ucDist);
    }
    Seg_Tran(pucSeg_Char, pucSeg_Code);
  }
  if (ucSeg_Dly > 2)
  {
    ucSeg_Dly = 0;

    Seg_Disp(pucSeg_Code, ucSeg_Pos);
    ucSeg_Pos = ++ucSeg_Pos & 7;  // 数码管循环显示
  }
}

void Key_Proc(void)
{
  unsigned char ucKey_Val, ucKey_Dn, ucKey_Up;

  if (ucKey_Dly < 10)                   // 10ms 时间未到
    return;                             // 延时消抖
  ucKey_Dly = 0;

  ucKey_Val = Key_Read();               // 读取按键值
  ucKey_Dn = ucKey_Val & (ucKey_Old ^ ucKey_Val);
  ucKey_Up = ~ucKey_Val & (ucKey_Old ^ ucKey_Val);
  ucKey_Old = ucKey_Val;                // 保存按键值

  switch (ucKey_Dn)
  {
    case 4:                             // S4 键
      if (++ucState == 2)               // 切换状态
        ucState = 0;
      break;
```

```
      case 5:                              // S5 键
        break;
    }
    ucLed = 1<<ucState;
    Led_Disp(ucLed);                       // LED 显示状态
  }
```

思考：对比两种距离测量方法的相同点和不同点。

3.5.3 源代码调试

超声波距离测量源代码调试包括距离测量调试，具体步骤如下。

① 单击“开始仿真”按钮，进入调试状态。

② 单击 Seg_Proc()中的下列语句：

```
ucDist = Dist_Meas();
```

单击“跳到光标处”按钮，运行上列语句。

③ 单击“单步”按钮，运行距离测量函数，获取距离值。

④ 单击“运行仿真”按钮，运行程序，数码管显示距离值，L2 点亮。示波器上显示距离测量触发脉冲和距离测量输入脉冲，如图 3.23 所示。

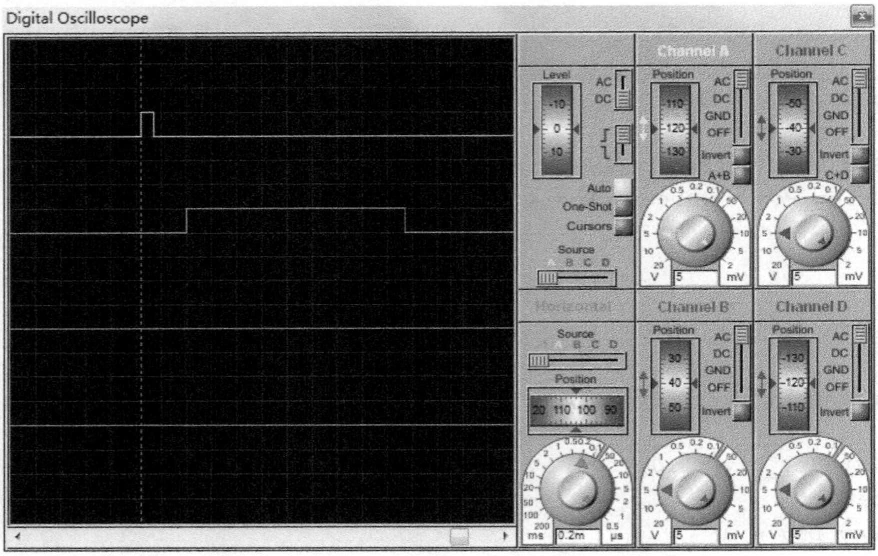

图 3.23 超声波距离测量触发和输入脉冲波形

⑤ 单击 SRF04 的上下箭头可以增大或减小距离值，示波器上的距离测量输出脉冲宽度相应增大或减小。

⑥ 单击“停止仿真”按钮，停止程序运行。

注意：竞赛实训平台的超声波距离测量脉冲需要程控发出。

3.6 频率测量

频率测量方法有两种：计数法和计时法。

计数法是在单位时间（1s）内对被测信号脉冲进行计数，计数值即为被测信号的频率。

计时法是先测量出被测信号的周期 T，然后根据频率 $f=1/T$ 求出被测信号的频率。

设计要求：用计数法对被测信号进行频率测量并显示。

频率测量设计在距离测量设计的基础上完成：在“D:\MCS51”文件夹中将“305_ULTRASONIC”文件夹复制粘贴并重命名为“306_FREQUENCY”文件夹。

3.6.1　原理图绘制

频率测量原理框图如图 3.24 所示。信号发生器通过 P34（T0 输入）与 MCU 相连。

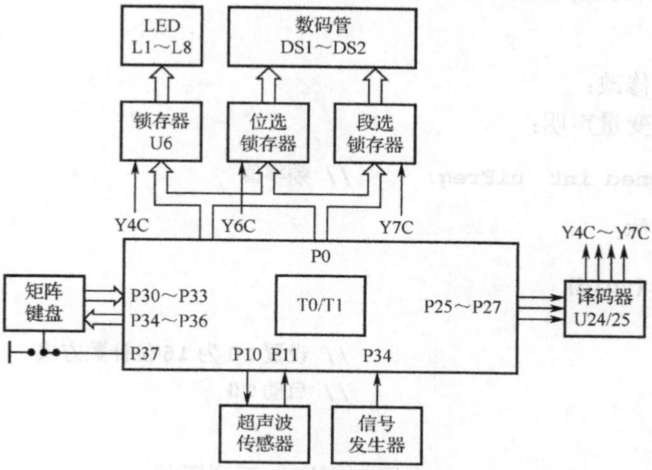

图 3.24　频率测量原理框图

在原理图中添加仪器“SIGNAL GENERATOR”（信号发生器），按图 3.25 的布局和连接关系绘制原理图。

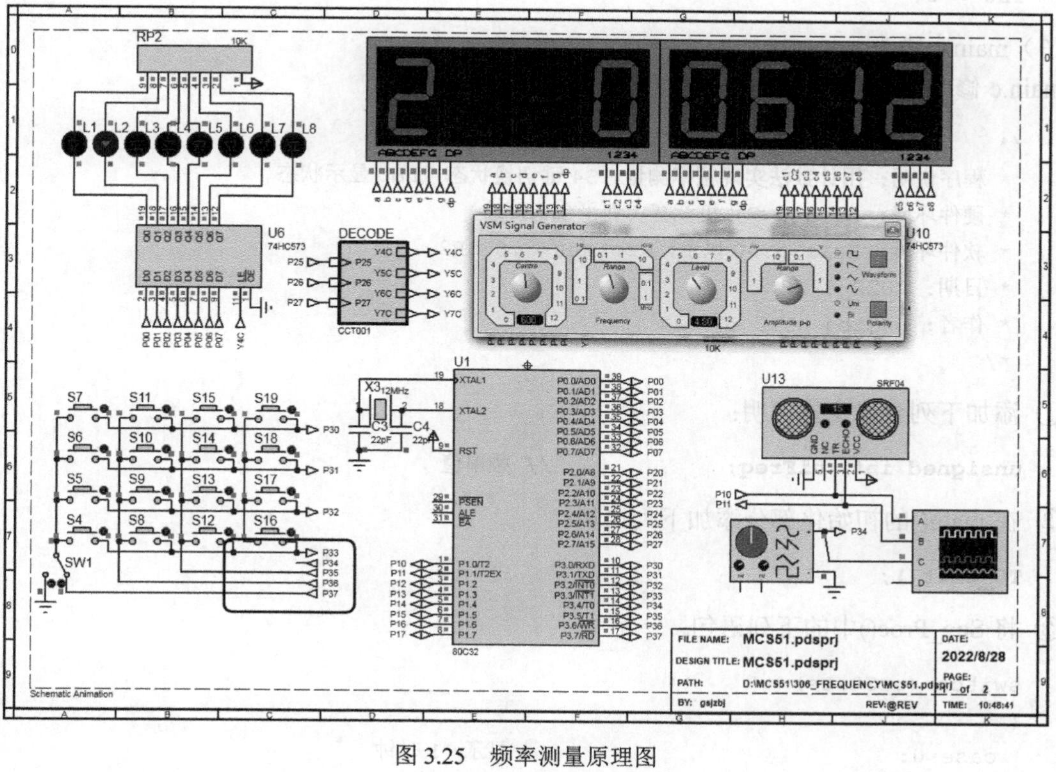

图 3.25　频率测量原理图

注意：为了防止信号发生器干扰矩阵键盘，仿真时断开 P34 与矩阵键盘的连接。

3.6.2 源代码设计

频率测量源代码设计包括 tim.h 修改、tim.c 修改和 main.c 修改。

（1）tim.h 修改

在 tim.h 中添加下列函数声明：

```
void T0_Init(void);
```

（2）tim.c 修改

在 tim.c 中做如下修改：

① 添加下列外部变量声明：

```
extern unsigned int  uiFreq;             // 频率值
```

② 添加下列函数体：

```
void T0_Init(void)
{
  TMOD |= 5;                            // 设置 T0 为 16 位计数方式
  TR0 = 1;                              // 启动 T0
}
```

③ 在 T1_Proc()的 if (++uims == 1000)语句下添加下列语句：

```
uiFreq = (TH0 << 8) + TL0;
TL0 = 0;
TH0 = 0;
```

（3）main.c 修改

main.c 修改如下：

```
/*
 * 程序说明：用计数法实现频率测量，S4 键切换状态，LED 显示状态
 * 硬件环境：CT107D 单片机竞赛实训平台（可选）
 * 软件环境：Keil 5.00 以上，Proteus 8.6 SP2
 * 日期：2022/8/28
 * 作者：gsjzbj
 */
```

① 添加下列全局变量声明：

```
unsigned int  uiFreq;                   // 频率值
```

② 在 main()的初始化部分添加下列语句：

```
T0_Init();
```

③ 将 Seg_Proc()中的下列语句：

```
switch (ucState)
{
  case 0:                               // 显示 T1 时钟
```

```
      sprintf(pucSeg_Char, "1 %06u", (unsigned int)ucSec);
      break;
    case 1:                                    // 显示距离值
      ucDist = Dist_Meas();
      sprintf(pucSeg_Char, "1  %05u", (unsigned int)ucDist);
  }
```

替换为：

```
  switch (ucState)
  {
    case 0:                                    // 显示距离值
      ucDist = Dist_Meas();
      sprintf(pucSeg_Char, "1  %05u", (unsigned int)ucDist);
      break;
    case 1:                                    // 显示频率值
      sprintf(pucSeg_Char, "2  %05u", uiFreq);
  }
```

④ 在 Key_Proc()的 case 4 下添加下列语句：

```
  if (ucState == 1)                            // 频率测量
    T0_Init();
```

思考：距离测量和频率测量都用 T0 实现，两者是否会冲突？

扩展：用计时法实现频率测量。

3.6.3 源代码调试

频率测量源代码调试包括频率测量调试，具体步骤如下。

① 单击“开始仿真”按钮▶，进入调试状态，信号发生器如图 3.26 所示。

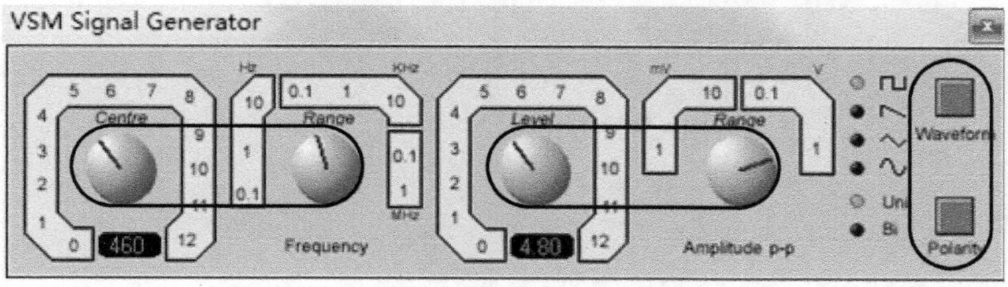

图 3.26　信号发生器

注意：如果没有显示信号发生器，可以单击“调试”菜单下的“VSM Signal enerator”菜单项打开信号发生器。

单击信号发生器右侧的“Waveform”（波形）按钮，选择波形为“矩形波”；单击“Polarity”（极性）按钮，选择极性为“单极性” Uni。

单击“Amplitude p-p”（幅度）“Range”（范围）旋钮，选择幅度单位为“1”V；单击“Level”（电平）旋钮，选择电平为 3～5V。

单击“Frequency”（频率）“Range”（范围）旋钮，选择频率单位为“0.1”kHz；单击“Centre”（中心）旋钮，选择中心频率。

② 单击 T1_Proc()中的下列语句：

```
uiFreq = (TH0 << 8) + TL0;
```

单击“跳到光标处”按钮，运行上列语句，此时 TH0 的值为 1，TL0 的值为 210。

③ 单击“单步”按钮，运行上列语句，获取频率值为 466。

④ 单击“运行仿真”按钮，运行程序，数码管显示频率值，L2 点亮。

⑤ 改变信号发生器的中心频率，数码管显示值相应改变。

⑥ 单击“停止仿真”按钮，停止程序运行。

注意：受信号发生器的影响，当中心频率较高时，数码管会闪烁。

注意：使用竞赛实训平台测量频率时，用导线或短路块连接 J3-15（SIGNAL）和 J3-16（P34）。

第 4 章　竞赛试题设计与测试

本章介绍竞赛试题设计与测试和客观题解析。

4.1　第十一届省赛试题

系统硬件框图如图 4.1 所示。

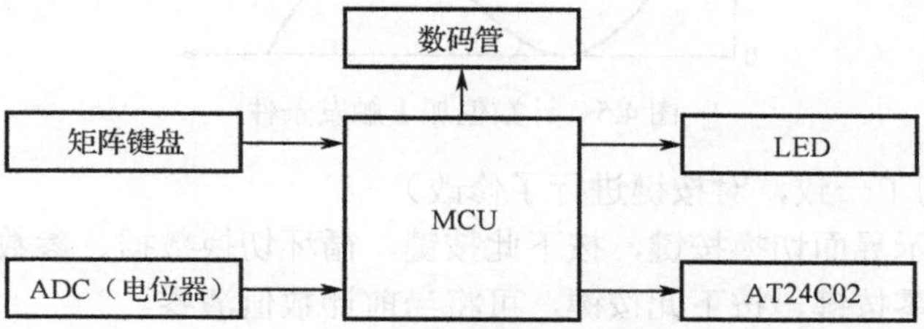

图 4.1　系统硬件框图

系统功能描述如下：

（1）基本功能

① 使用 PCF8591 芯片测量 AIN3 通道上获取的电压信号（电位器 RB2 输出电压）V_{AIN3}。

② 通过数码管实现数据显示、计数和参数设置三个界面的显示，界面可通过按键切换。

③ 通过 EEPROM 实现参数的掉电存储功能。

④ 通过按键实现界面切换、计数清零和参数设置等功能。

⑤ 通过 LED 实现超时等状态提醒功能。

⑥ 设计要求

- 电压数据刷新时间：≤0.5s。
- 电压数据采样时间：≤0.1s。
- 显示界面切换时间：≤0.3s。
- 参数存储占用 EEPROM 一个字节，存储位置：AT24C02 内部地址 0。
- 电压参数可设置范围：0V≤V_P≤5.0V。

（2）显示功能

① 数据显示界面：数据显示界面如图 4.2 所示，显示内容包括提示符 U 和 PCF8591 芯片 AIN3 通道采集到的电压值 V_{AIN3}，电压数据单位为 V，保留小数点后 2 位有效数字。

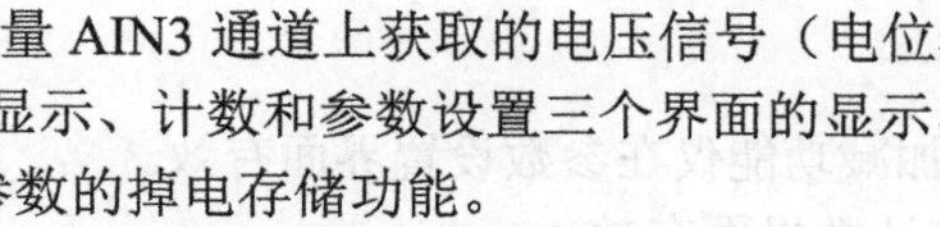

图 4.2　数据显示界面

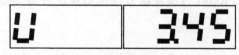

② 参数界面：设置界面如图 4.3 所示，显示内容包括标识符 P 和电压参数 V_P。

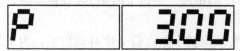

图 4.3　参数界面

③ 计数界面：计数界面如图 4.4 所示，显示内容包括标识符 N 和计数值。

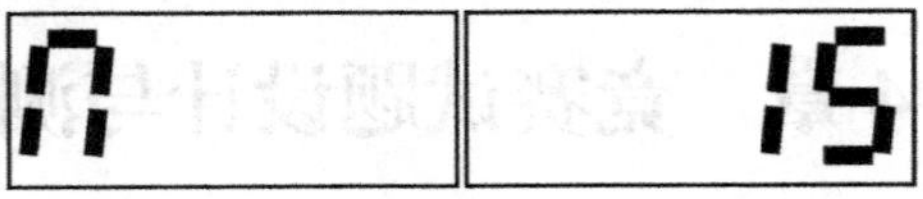

图 4.4　计数界面

计数值加 1 触发条件如图 4.5 所示。

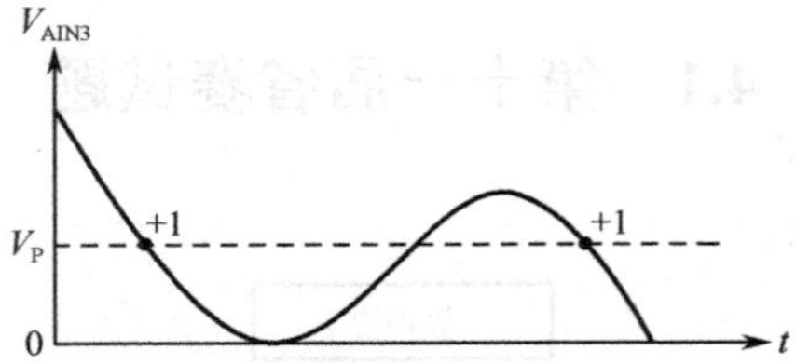

图 4.5　计数值加 1 触发条件

（3）按键功能（为了一致，对按键进行了修改）

① S4：定义为显示界面切换按键，按下此按键，循环切换数据、参数和计数界面。

② S5：定义为清零按键，按下此按键，可将当前计数值清零。

③ S8：定义为减按键，按下此按键，电压参数 V_P 减小 0.50V，减小到 0.00V 后，再次按下此按键返回 5.00V。

④ S9：定义为加按键，按下此按键，电压参数 V_P 增加 0.50V，增加到 5.00V 后，再次按下此按键返回 0.00V。

⑤ 设计要求

- 按键 S8 和按键 S9 的加减功能仅在参数设置界面有效。
- 按键 S5 清零功能仅在计数界面有效。
- 合理设置参数边界范围，防止出现参数越界。
- 从参数界面退出时，将电压参数 V_P 放大 10 倍后（V_P×10），保存到 EEPROM 存储器（内部地址 0），占用一个字节。

（4）LED 功能

① 指示灯 L1：当 $V_{AIN3}<V_P$ 的状态持续时间超过 5s 时，L1 点亮，否则熄灭。

② 指示灯 L2：当前计数值为奇数时，L2 点亮，否则熄灭。

③ 指示灯 L3：连续 3 次以上（含 3 次）的无效按键操作触发 L3 点亮，直到出现有效的按键操作，L3 熄灭。

（5）初始状态说明

① 初始状态上电默认处于数据显示界面，计数值为 0，指示灯 L2 熄灭。

② 设备上电后，应从 EEPROM 内部地址 0 读出数据，并将该数据处理为电压参数 V_P。

4.1.1　系统设计

通过分析系统基本功能，可以得到系统原理框图，如图 4.6 所示。

单片机从矩阵键盘采集功能要求，将数据按要求显示到数码管，并控制 LED 的点亮与熄灭，通过 PCF8591 ADC 采集 RB2 上的电压，通过 EEPROM 存储参数。

系统重点分析如下：

① 电压表示：电压显示要求保留小数点后 2 位有效数字，为了表示方便，将电压值乘以 100（用 uiAdc 表示）。

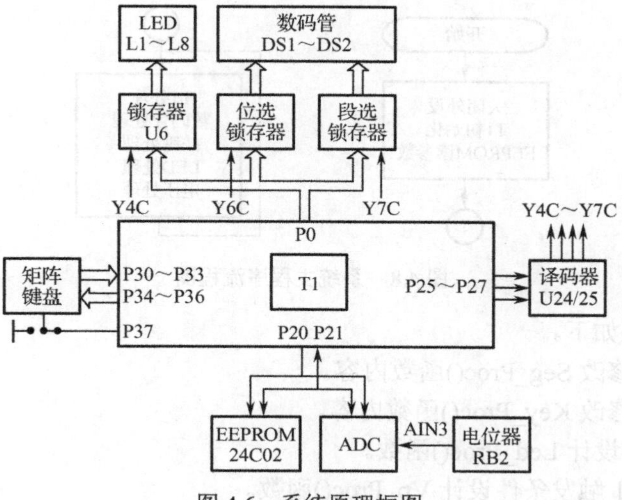

图 4.6　系统原理框图

② 参数表示：设置参数的变化是 0.5V，将参数值乘 10（用 ucVp_Val 表示）用于比较和存储。

③ 计数值计算：计数值计算可采用长按键的方法实现：将 $V_{AIN3}>V_P$ 当作按键未按下，将 $V_{AIN3}<V_P$ 当作按键按下，计数值当作按键按下的次数，长按（超过 5s）时点亮 L1。

系统设计在 PCF8591 设计的基础上完成：在“D:\MCS51”文件夹中将“304_PCF8591”文件夹复制粘贴并重命名为“401_111”文件夹。系统原理图如图 4.7 所示。

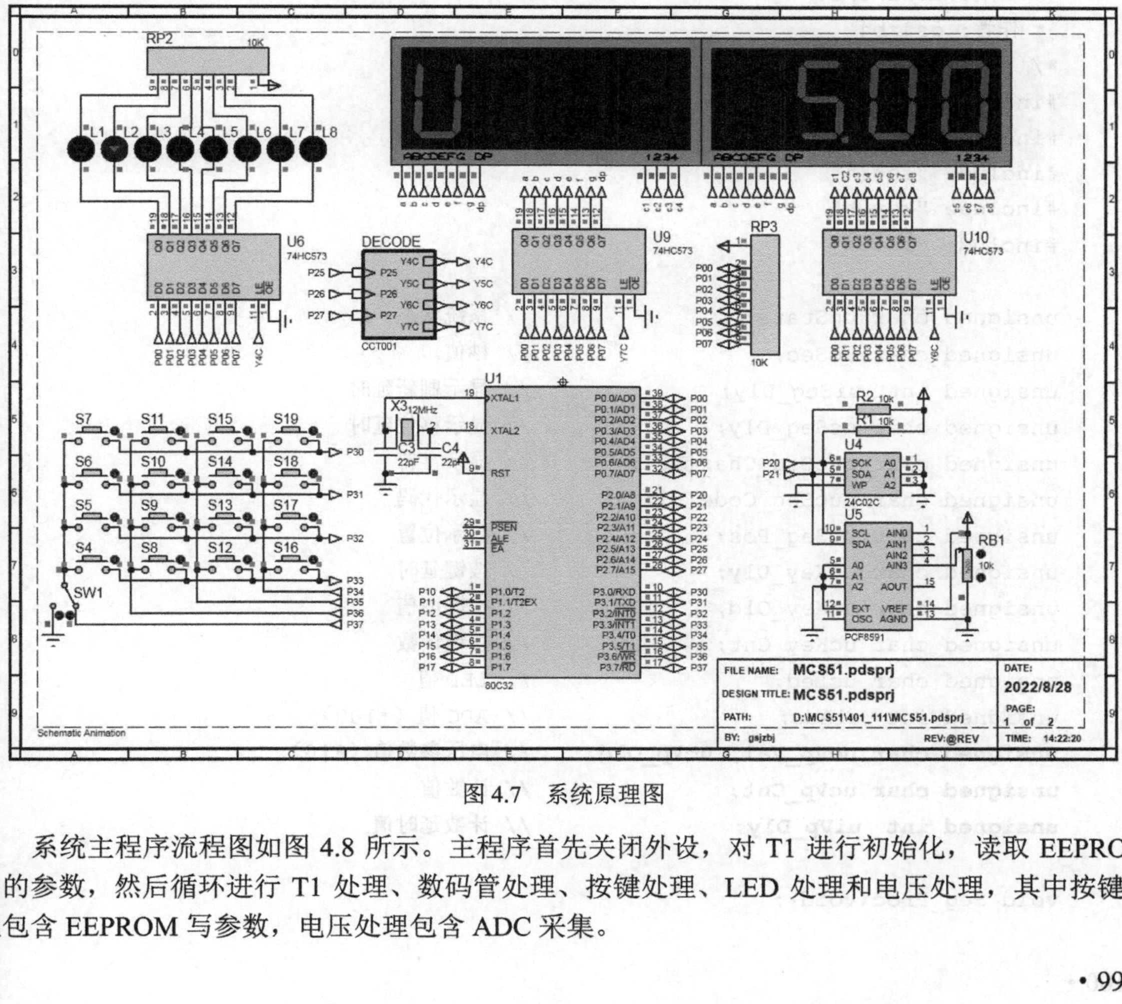

图 4.7　系统原理图

系统主程序流程图如图 4.8 所示。主程序首先关闭外设，对 T1 进行初始化，读取 EEPROM 中的参数，然后循环进行 T1 处理、数码管处理、按键处理、LED 处理和电压处理，其中按键处理包含 EEPROM 写参数，电压处理包含 ADC 采集。

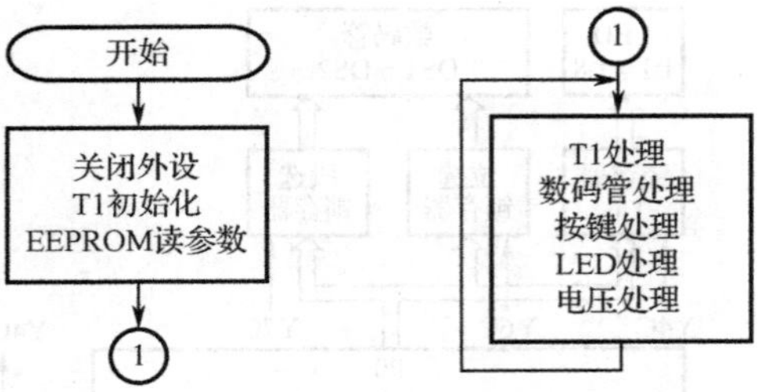

图 4.8　系统主程序流程图

系统设计主要步骤如下。

① 根据显示功能修改 Seg_Proc()函数内容。

② 根据按键功能修改 Key_Proc()函数内容。

③ 根据 LED 功能设计 Led_Proc()函数。

④ 根据计数值加 1 触发条件设计 Vp_Proc()函数。

系统头文件 main.h 内容如下：

```
/*
 * 程序说明：第 11 届省赛试题头文件
 * 硬件环境：CT107D 单片机竞赛实训平台（可选）
 * 软件环境：Keil 5.00 以上，Proteus 8.6 SP2
 * 日期：2022/8/28
 * 作者：gsjzbj
 */
#include <stdio.h>
#include "tim.h"
#include "seg.h"
#include "key.h"
#include "i2c.h"

unsigned char ucState;                  // 系统状态
unsigned char ucSec;                    // 秒值
unsigned int  uiSeg_Dly;                // 显示刷新延时
unsigned char ucSeg_Dly;                // 显示移位延时
unsigned char pucSeg_Char[12];          // 显示字符
unsigned char pucSeg_Code[8];           // 显示代码
unsigned char ucSeg_Pos;                // 显示位置
unsigned char ucKey_Dly;                // 按键延时
unsigned char ucKey_Old;                // 按键旧值
unsigned char ucKey_Cnt;                // 按键计数
unsigned char ucLed;                    // LED 值
unsigned int  uiAdc;                    // ADC 值（*100）
unsigned char ucVp_Val, ucVp_Old;       // 电压参数值（*10）
unsigned char ucVp_Cnt;                 // 计数值
unsigned int  uiVp_Dly;                 // 计数延时值

void Seg_Proc(void);
```

```
void Key_Proc(void);
void Led_Proc(void);
void Vp_Proc(void);
```

系统主文件 main.c 内容如下：

```
/*
 * 程序说明：第 11 届省赛试题主文件
 * 硬件环境：CT107D 单片机竞赛实训平台（可选）
 * 软件环境：Keil 5.00 以上，Proteus 8.6 SP2
 * 日期：2022/8/28
 * 作者：gsjzbj
*/
#include "main.h"
// 主函数
void main(void)
{
  Close_Peripheral();
  T1_Init();
  AT24C02_Read((unsigned char*)&ucVp_Val, 0, 1);
  if ((ucVp_Val > 50) || ((ucVp_Val % 5) != 0))
    ucVp_Val = 25;                              // 首次读取参数越界处理

  while (1)
  {
    T1_Proc();
    Seg_Proc();
    Key_Proc();
    Led_Proc();
    Vp_Proc();
  }
}

void Seg_Proc(void)
{
  if (uiSeg_Dly > 300)                         // 300ms 时间到
  {
    uiSeg_Dly = 0;

    switch (ucState)
    {
      case 0:
        sprintf(pucSeg_Char, "U    %3.2f", uiAdc/100.0);
        break;
      case 1:
        sprintf(pucSeg_Char, "P    %3.2f", ucVp_Val/10.0);
        break;
```

```
      case 2:
        sprintf(pucSeg_Char, "N    %03u", (unsigned int)ucVp_Cnt);
    }
    Seg_Tran(pucSeg_Char, pucSeg_Code);
  }
  if (ucSeg_Dly > 2)
  {
    ucSeg_Dly = 0;

    Seg_Disp(pucSeg_Code, ucSeg_Pos);
    ucSeg_Pos = ++ucSeg_Pos & 7;
  }
}

void Key_Proc(void)
{
  unsigned char ucKey_Val, ucKey_Dn, ucKey_Up;

  if (ucKey_Dly < 10)                   // 10ms 时间未到
    return;                             // 延时消抖
  ucKey_Dly = 0;

  ucKey_Val = Key_Read();               // 读取按键值
  ucKey_Dn = ucKey_Val & (ucKey_Old ^ ucKey_Val);
  ucKey_Up = ~ucKey_Val & (ucKey_Old ^ ucKey_Val);
  ucKey_Old = ucKey_Val;                // 保存按键值

  switch (ucKey_Dn)
  {
    case 4:                             // S4 键
      if(++ucState == 3)                // 切换显示
        ucState = 0;
      if(ucState == 2)                  // 离开参数界面，保存参数
        AT24C02_Write((unsigned char*)&ucVp_Val, 0, 1);
      ucKey_Cnt = 0;
      break;
    case 5:                             // S5 键
      if(ucState == 2)
        ucVp_Cnt = 0;                   // 清零计数
      ucKey_Cnt = 0;
      break;
    case 8:                             // S8 键
      if(ucState == 1)
      {
        if(ucVp_Val == 0)
          ucVp_Val = 55;
```

```
        ucVp_Val -= 5;                        // 参数减少
      }
      ucKey_Cnt = 0;
      break;
    case 9:                                   // S9键
      if(ucState == 1)
      {
        ucVp_Val += 5;                        // 参数增加
        if(ucVp_Val >= 55)
          ucVp_Val = 0;
      }
      ucKey_Cnt = 0;
      break;
    case 12:                                  // 无效按键
    case 13:
    case 16:
    case 17:
      ucKey_Cnt++;
  }
}

void Led_Proc(void)
{
  if((ucSec > 5) && (ucVp_Old == 1))
    ucLed |= 1;                               // 点亮 L1
  else
    ucLed &= ~1;                              // 熄灭 L1

  if((ucVp_Cnt & 1) == 1)
    ucLed |= 2;                               // 点亮 L2
  else
    ucLed &= ~2;                              // 熄灭 L2

  if(ucKey_Cnt >= 3)
    ucLed |= 4;                               // 点亮 L3
  else
    ucLed &= ~4;                              // 熄灭 L3

  Led_Disp(ucLed);
}

void Vp_Proc(void)
{
  unsigned char ucVp_Key;
  if(uiVp_Dly < 500)
```

```
    return;
  uiVp_Dly = 0;

  uiAdc = PCF8591_Adc(3) / 0.51;      // 500/255
  if((uiAdc / 10) > ucVp_Val)
    ucVp_Key = 0;
  else
    ucVp_Key = 1;

  if(ucVp_Key != ucVp_Old)
  {
    ucVp_Old = ucVp_Key;
    if(ucVp_Key == 1)
    {
      ucVp_Cnt++;                     // 计数值加 1
      ucSec = 0;
    }
  }
}
```

在 tim.c 中做如下修改：

① 添加下列外部变量声明：

```
extern unsigned int  uiVp_Dly;        // 计数延时
```

② 在 T1_Proc()的后部添加下列语句：

```
  uiVp_Dly++;
```

注释掉 i2c.c 中的 PCF8591_Dac()函数。

4.1.2 系统测试

系统测试的主要步骤如下：

（1）将 RB2 调到最大。单击“运行仿真”按钮▶，运行程序，系统默认为数据显示界面（电压值为 5.00V），LED 全部熄灭。

注意：仿真时首次读取 ADC 的值为 0，计数值加 1，L2 点亮。

① 单击 S4 键，显示参数界面（参数值为 2.50V 或其他值）。

② 单击 S4 键，显示计数界面（计数值应为 00，仿真时值为 1）。

（2）单击 S4 键，重新显示数据显示界面。

改变 RB2，电压值改变。

当电压值小于参数值时，计数值加 1，L2 的状态改变。

当电压值小于参数值时的时间超过 5s 时，L1 点亮。

当电压值大于参数值时，L1 熄灭。

在数据显示界面，S5、S8 和 S9 键不起作用。

（3）单击 S4 键，重新显示参数界面。

① 单击 S8 键，每单击 1 次，参数值减小 0.50V，减小到 0.00V 后再单击 S8 键，参数值返回 5.00V，将参数值改为 3.50V。

② 单击 S9 键，每单击 1 次，参数值增加 0.50V，增加到 5.00V 后再单击 S9 键，参数值返回 0.00V，将参数值改为 1.50V。

修改参数值时，计数值会改变，L2 的状态也会改变。

在参数界面，S5 键不起作用。

（4）单击 S4 键，重新显示计数界面。

改变 RB2，当电压值小于参数值时，计数值加 1。

计数值为奇数时，L2 点亮；计数值为偶数时，L2 熄灭。

单击 S5 键，计数值清零。

在计数界面，S8 和 S9 键不起作用。

（5）单击无效按键（S12、S13、S16 或 S17）3 次，L3 点亮；单击有效按键，L3 熄灭。

（6）停止仿真，重新运行仿真，单击 S4 键，切换到参数界面，参数值应为 1.50V。

4.1.3 客观题解析

不定项选择（3 分/题）：

（1）多级放大电路中，既能放大直流信号，又能放大交流信号的是（　　）方式。

A．阻容耦合　　B．变压器耦合　　C．直接耦合　　D．光电耦合

（2）共射级放大电路中，输入电压和输出电压的相位关系为（　　）。

A．相差 180°　　B．相同　　C．相差 90°　　D．相差 45°

（3）以集成电路制造工艺，以下哪类元器件制作最容易（　　）。

A．晶体管　　B．电感器　　C．变压器　　D．电容器

（4）下列正确的桥式整流接法是（　　）。

A.
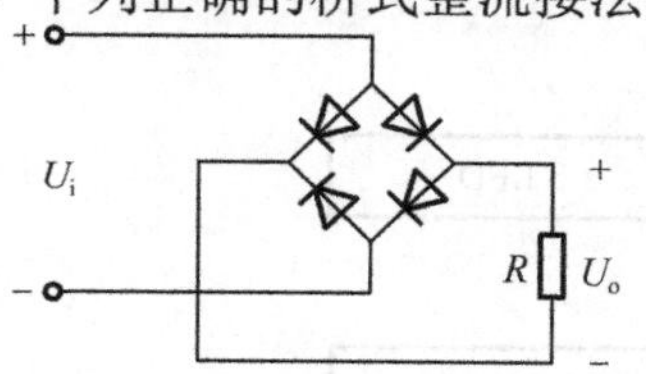

B.
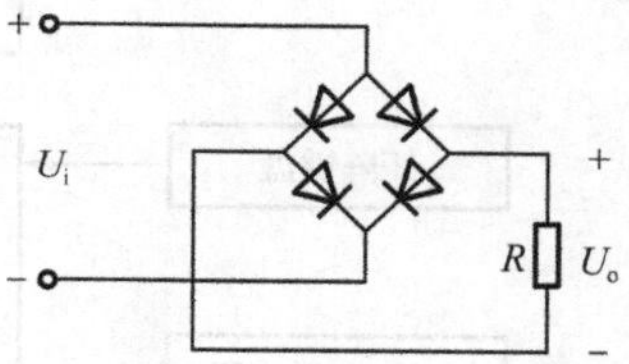

C.
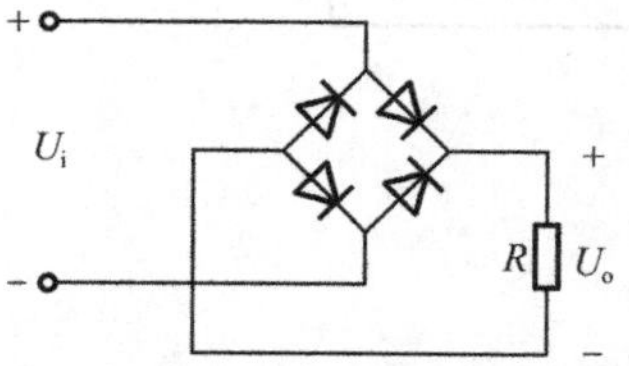

D.
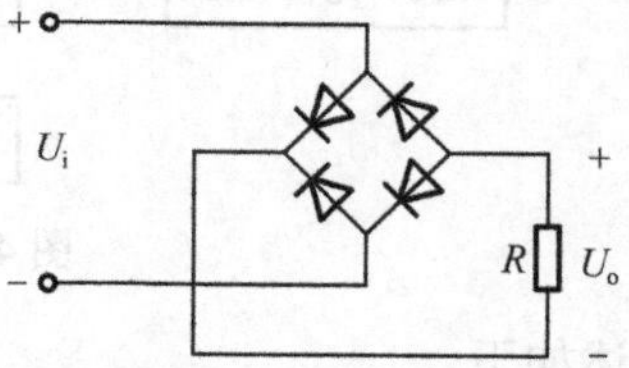

（5）在进行串行通信时，若两机的发送与接收可以同时进行，则称之为（　　）。

A．全双工　　B．半双工　　C．单工　　D．以上均不正确

（6）程序以（　　）形式存放在程序存储器中。

A．C 源文件　　B．汇编程序　　C．BCD 编码　　D．二进制编码

（7）电容器的主要参数包含（　　）。

A．标称容量　　B．绝缘电阻　　C．允许误差　　D．额定耐压

（8）解决放大器截止失真的方法是（　　）。

A．增大上偏电阻　　B．减小集电极电阻　　C．减小上偏电阻　　D．增大下偏电阻

（9）单片机系统中存储一个 16×16 的汉字点阵信息，需要（　　）个字节。

A．16　　B．64　　C．32　　D．256

（10）MCS51 系列单片机寄存器 PC 中存放的是（　　）。

A. 当前正在执行的指令　　　　　　　　　　B. 当前正在执行的指令地址
C. 下一条要执行的指令　　　　　　　　　　D. 下一条要执行的指令地址

解析：

（1）多级放大电路中，能放大直流信号且能放大交流信号的是直接耦合方式。答案为（C）。

（2）共射级放大电路兼有放大和反相作用，输入和输出电压的相位相差 180°。答案为（A）。

（3）以集成电路制造工艺，三极管等半导体器件相对更加容易制作，电感、电容和变压器等往往设计为独立元件。答案为（A）。

（4）接法（A）右边的两个二极管将 U_i 短路，接法（B）左右两边的两个二极管分别将 U_i 短路，接法（C）正确，接法（D）也可以工作，只不过 U_o 是下正上负。答案是（C）。

（5）全双工是发送与接收可以同时进行，半双工是发送与接收不能同时进行，单工是只能发送或接收。答案是（A）。

（6）下载到微控制器中的程序以二进制编码存储在程序存储器中。答案是（D）。

（7）电容器的主要参数包含标称容量、额定耐压、允许误差和绝缘电阻。答案是（ABCD）。

（8）通过减小上偏电阻或增加下偏电阻提高基级电压。答案为（CD）。

（9）存储一个 16×16 的汉字点阵信息需要 16×16 位，即 32 个字节。答案为（C）。

（10）PC 是程序计数寄存器，用来存储下一条要执行指令的地址。答案为（D）。

4.2 第十一届国赛试题

系统硬件框图如图 4.9 所示。

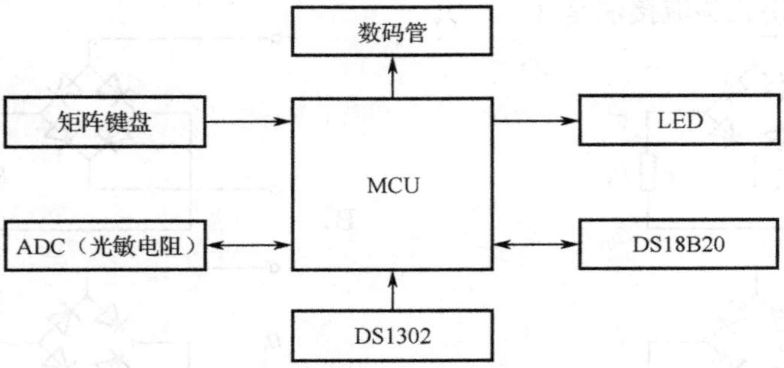

图 4.9　系统硬件框图

系统功能描述如下。

（1）功能概述

① 通过获取 DS1302 的时、分和秒寄存器值，完成相关时钟功能。

② 使用 PCF8591 判断光敏电阻 RD1 的“亮”“暗”状态。

③ 通过数码管完成题目要求的数据和参数显示功能。

④ 通过按键完成题目要求的显示界面切换、参数调整等功能。

⑤ 通过 LED 指示灯完成题目要求的指示功能。

（2）性能要求

① 数据刷新要求

- 温度刷新时间：≤1s。
- 亮暗状态刷新时间：≤0.5s。

② 按键动作响应时间：≤0.2s。

（3）显示功能

① 数据显示界面

● 时间数据显示界面如图 4.10 所示，显示内容包括时、分、秒数据和间隔符号。

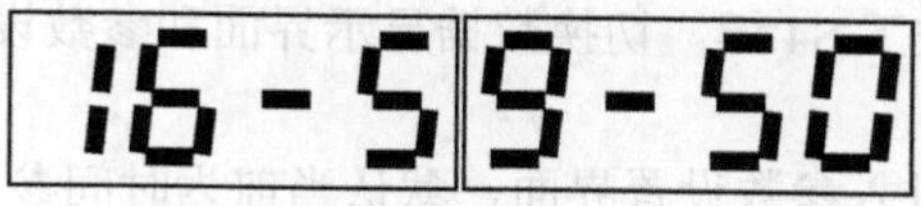

图 4.10　时间数据显示界面

● 温度数据显示界面如图 4.11 所示，显示内容包括标识符 C 和温度数据，温度数据保留小数点后 1 位有效数字，单位为摄氏度。

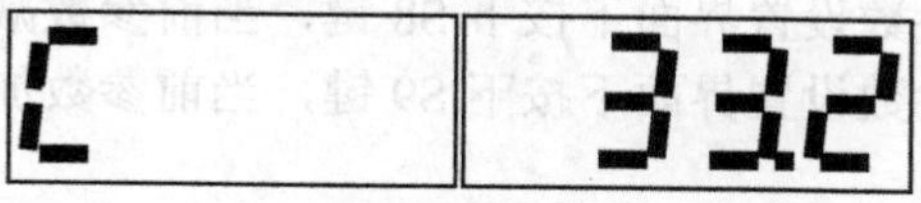

图 4.11　温度数据显示界面

● 亮暗状态显示界面如图 4.12 所示，显示内容包括标识符 E、光敏电阻 RD1 分压结果和检测到的环境亮暗状态（0 表示亮，1 表示暗）。光敏电阻 RD1 分压结果数据保留小数点后 2 位有效数字，单位为伏特。

图 4.12　亮暗状态显示界面

亮暗状态判断标准：遮挡光敏电阻情况下认为是暗状态 1，未遮挡下认为是亮状态 0。

② 参数设置界面

● 时间参数：时间参数设置界面如图 4.13 所示，显示内容包括提示符 P、参数界面编号 1 和小时参数，小时参数可调整范围为 00～23，占用 2 位数码管，显示占用不足两位的小时值补 0。

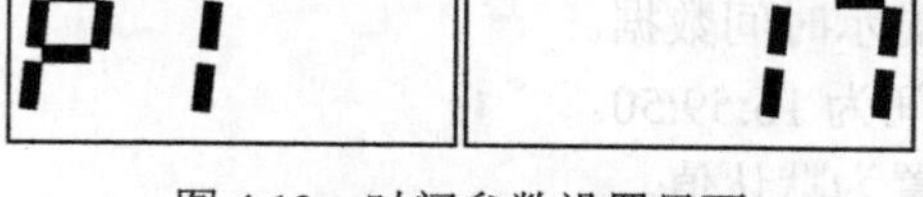

图 4.13　时间参数设置界面

● 温度参数：温度参数设置界面如图 4.14 所示，显示内容包括提示符 P、参数界面编号 2 和温度参数，温度参数可调整范围为 00～99，占用 2 位数码管，不足两位的温度值补 0。

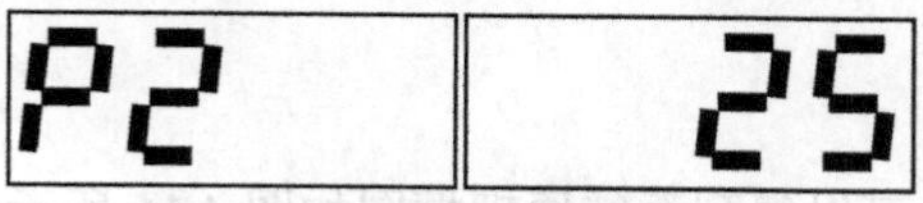

图 4.14　温度参数设置界面

● LED 参数：LED 参数设置界面如图 4.15 所示，显示内容包括提示符 P、参数界面编号 3 和 LED 参数，LED 参数可调整范围为 4～8。

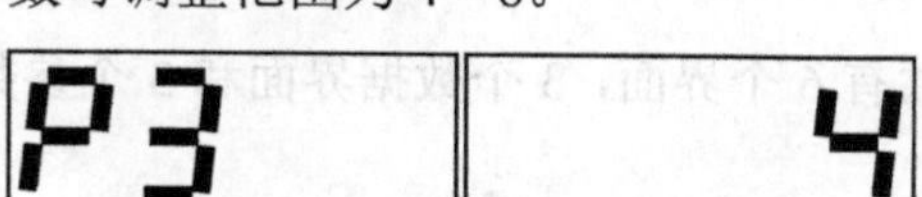

图 4.15　LED 参数设置界面

LED 参数代表了竞赛平台上的 LED 编号，4～8 对应 L4～L8。

（3）按键功能

① 功能说明

S4：定义为界面按键，按下 S4 键，切换数据显示界面和参数设置界面。

界面切换要求：

- 每次从数据显示界面进入参数设置界面，默认当前为时间参数。
- 每次从参数设置界面进入数据显示界面，默认当前为时间数据。

S5：定义为切换按键，在数据显示界面下，按下 S5 键，循环切换显示时间数据、温度数据和亮暗状态；在参数设置界面下，按下 S5 键，切换显示时间参数、温度参数和 LED 参数。

S8：定义为减按键，在参数设置界面下按下 S8 键，当前参数减 1。

S9：定义为加按键，在参数设置界面下按下 S9 键，当前参数加 1。

② 设计要求

- 按键应做好消抖处理，避免出现一次按键功能多次触发等问题。
- 按键动作不应影响正常数码管显示和数据采集过程。
- 约束参数设置边界。
- 所有参数均在退出参数设置界面时生效，参数调整过程中不生效。

（4）LED 功能

① 若判断当前时间处于小时参数整点至下一个 8 时（08:00:00）之间，指示灯 L1 点亮，反之熄灭。

② 若判断当前采集到的温度数据小于温度参数，指示灯 L2 点亮，反之熄灭。

③ 若判断环境处于“暗”状态，且持续时间超过 3s，指示灯 L3 点亮；环境处于“亮”状态，且持续时间超过 3s，指示灯 L3 熄灭。

④ 若判断环境处于“暗”状态，通过 LED 指示灯参数指定的 LED 指示灯点亮，反之熄灭，L4～L8 中未被指定的 LED 指示灯应处于熄灭状态。

（5）初始状态说明

请严格按照以下要求设计作品的上电初始状态。

① 处于数据显示界面，显示时间数据。

② RTC 时钟上电默认时间为 16:59:50。

③ 参数在每次上电时重置为默认值。

- 时间参数：17
- 温度参数：25
- LED 参数：4

4.2.1 系统设计

通过分析系统基本功能，可以得到系统原理框图如图 4.16 所示。

单片机从矩阵键盘采集功能要求，将数据按要求显示到数码管，并控制 LED 点亮与熄灭。通过 DS1302 完成时钟功能，通过 DS18B20 测量温度，通过 PCF8591 ADC 采集光敏电阻上的电压。

系统重点分析如下。

① 系统状态表示：系统共有 6 个界面，3 个数据界面和 3 个参数界面，分别用状态值 0x00～0x02 和 0x10～0x12 表示。

② 亮暗状态确定：仿真时亮暗状态的判断值可以随意确定。

竞赛实训平台亮暗状态的确定方法是：将 Seg_Proc()中显示亮暗状态语句的第 3 个亮暗状态

参数 ucRds 修改为 ADC 值 ucAdc，运行程序，单击 2 次 S5 键，切换到显示亮暗状态界面，记录不遮挡和遮挡光敏电阻时 ucAdc 的值（100 和 10），用两个值的中间值（例如 50）作为亮暗状态的判断值。为了一致，仿真时亮暗状态的判断值也取 50。

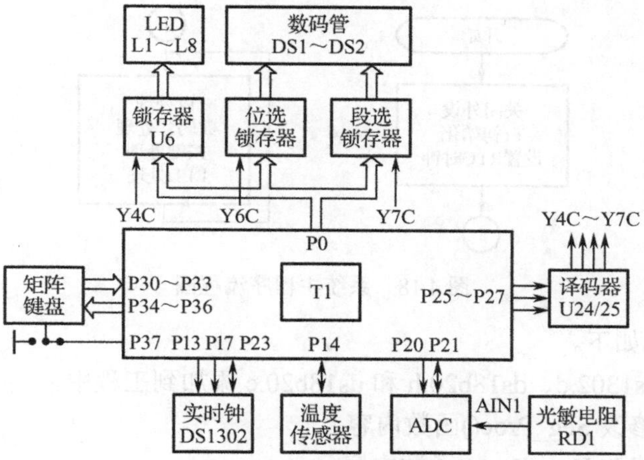

图 4.16　系统原理框图

注意：判断值确定后，将 ucAdc 恢复为 ucRds。

③ 时间比较：将时分秒转换成秒值（用 ulTime 表示）进行比较。

注意：时分秒是 BCD 码，计算秒值时需要进行转换。

系统设计在 PCF8591 设计的基础上完成：在“D:\MCS51”文件夹中将“304_PCF8591”文件夹复制粘贴并重命名为“402_112”文件夹。

在原理图中删除“24C02”，添加“DS1302”和“DS18B20”，如图 4.17 所示。

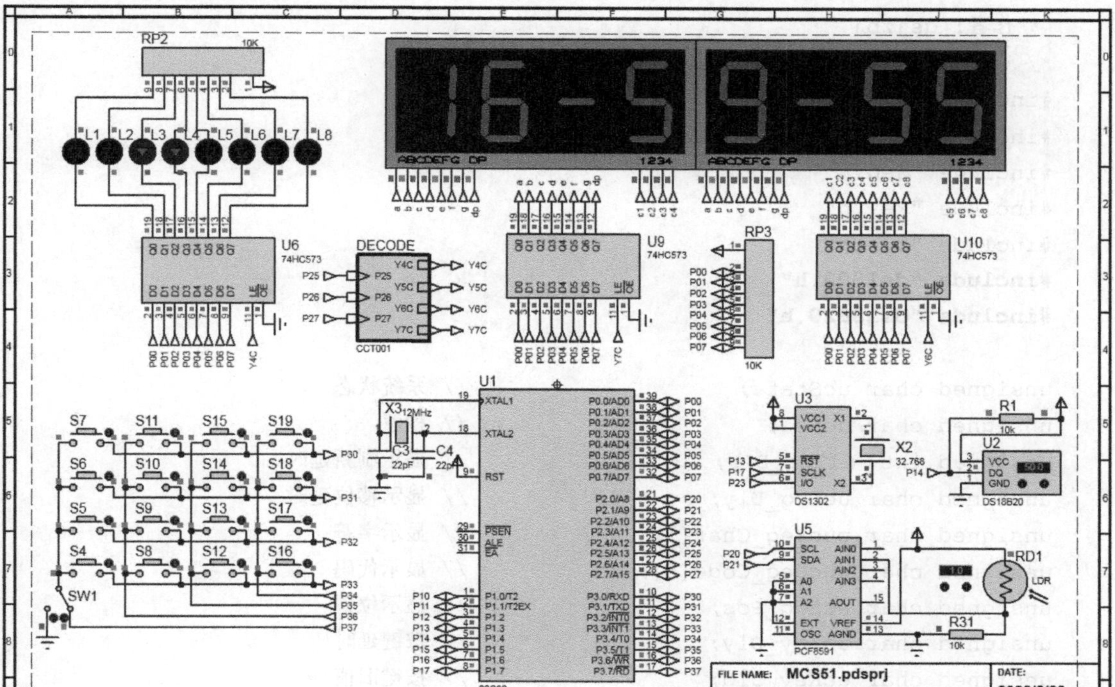

图 4.17　系统原理图

系统主程序流程图如图 4.18 所示。主程序首先关闭外设，对 T1 进行初始化，设置 RTC 时钟，然后循环进行 T1 处理、数码管处理、按键处理和 LED 处理，其中 LED 处理包含获取 RTC 时钟、读取温度值和读取 ADC 值。

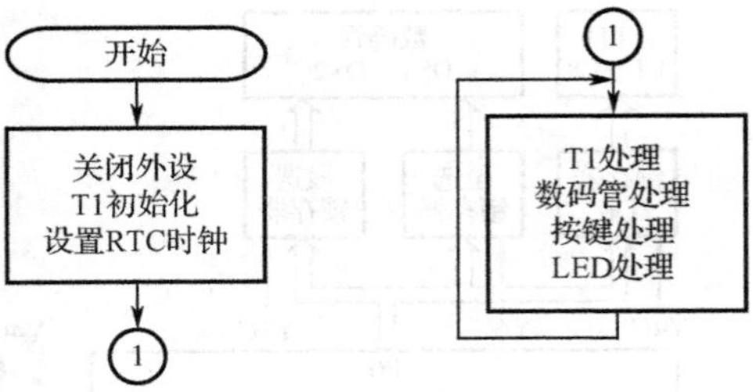

图 4.18　系统主程序流程图

系统设计主要步骤如下。

① 将 ds1302.h、ds1302.c、ds18b20.h 和 ds18b20.c 添加到工程中。

② 根据显示功能修改 Seg_Proc()函数内容。

③ 根据按键功能修改 Key_Proc()函数内容。

④ 根据 LED 功能设计 Led_Proc()函数。

系统头文件 main.h 内容如下：

```
/*
 * 程序说明：第 11 届国赛试题头文件
 * 硬件环境：CT107D 单片机竞赛实训平台（可选）
 * 软件环境：Keil 5.00 以上，Proteus 8.6 SP2
 * 日期：2022/8/28
 * 作者：gsjzbj
 */
#include <stdio.h>
#include "tim.h"
#include "seg.h"
#include "key.h"
#include "i2c.h"
#include "ds1302.h"
#include "ds18B20.h"

unsigned char ucState;                          // 系统状态
unsigned char ucSec;                            // 秒值
unsigned int  uiSeg_Dly;                        // 显示刷新延时
unsigned char ucSeg_Dly;                        // 显示移位延时
unsigned char pucSeg_Char[12];                  // 显示字符
unsigned char pucSeg_Code[8];                   // 显示代码
unsigned char ucSeg_Pos;                        // 显示位置
unsigned char ucKey_Dly;                        // 按键延时
unsigned char ucKey_Old;                        // 按键旧值
unsigned char ucLed;                            // LED 值
unsigned int  uiLed_Dly;                        // LED 延时
unsigned char pucRtc[3] = {0x16, 0x59, 0x50};
```

```
unsigned int  uiTemp;                              // 温度值
unsigned char ucAdc;                               // ADC 值
unsigned char ucRds, ucRdt;                        // 亮暗状态
unsigned char ucHour=17, ucHour1=17;               // 时间参数
unsigned char ucTemp=25, ucTemp1=25;               // 温度参数
unsigned char ucLedp=4,  ucLedp1=4;                // LED 参数

void Seg_Proc(void);
void Key_Proc(void);
void Led_Proc(void);
```

系统主文件 main.c 内容如下：

```
/*
 * 程序说明：第 11 届国赛试题主文件
 * 硬件环境：CT107D 单片机竞赛实训平台（可选）
 * 软件环境：Keil 5.00 以上，Proteus 8.6 SP2
 * 日期：2022/8/28
 * 作者：gsjzbj
*/
#include "main.h"
// 主函数
void main(void)
{
  Close_Peripheral();
  T1_Init();
  RTC_Set(pucRtc);                            // 设置 RTC 时钟

  while (1)
  {
    T1_Proc();
    Seg_Proc();
    Key_Proc();
    Led_Proc();
  }
}

void Seg_Proc(void)
{
  if (uiSeg_Dly > 500)                       // 500ms 时间到
  {
    uiSeg_Dly = 0;

    switch (ucState)
    {
      case 0:                                // 显示时间
        sprintf(pucSeg_Char, "%02u-%02u-%02u",\
```

```
      (unsigned int)pucRtc[0], (unsigned int)pucRtc[1],\
      (unsigned int)pucRtc[2]);
    break;
  case 1:                          // 显示温度
    sprintf(pucSeg_Char, "C    %03.1f", uiTemp/16.0);
    break;
  case 2:                          // 显示亮暗状态
    sprintf(pucSeg_Char, "E  %3.2f%2u", ucAdc/51.0,
      (unsigned int)ucRds);
    break;
  case 0x10:                       // 显示时间参数
    sprintf(pucSeg_Char, "P1    %02u", (unsigned int)ucHour1);
    break;
  case 0x11:                       // 显示温度参数
    sprintf(pucSeg_Char, "P2    %02u", (unsigned int)ucTemp1);
    break;
  case 0x12:                       // 显示 LED 参数
    sprintf(pucSeg_Char, "P3     %1u", (unsigned int)ucLedp1);
  }
  Seg_Tran(pucSeg_Char, pucSeg_Code);
 }
 if (ucSeg_Dly > 2)
 {
  ucSeg_Dly = 0;

  Seg_Disp(pucSeg_Code, ucSeg_Pos);
  ucSeg_Pos = ++ucSeg_Pos & 7;
 }
}

void Key_Proc(void)
{
 unsigned char ucKey_Val, ucKey_Dn, ucKey_Up;

 if (ucKey_Dly < 10)               // 10ms 时间未到
  return;                          // 延时消抖
 ucKey_Dly = 0;

 ucKey_Val = Key_Read();           // 读取按键值
 ucKey_Dn = ucKey_Val & (ucKey_Old ^ ucKey_Val);
 ucKey_Up = ~ucKey_Val & (ucKey_Old ^ ucKey_Val);
 ucKey_Old = ucKey_Val;            // 保存按键值

 switch (ucKey_Dn)
 {
  case 4:                          // S4 键
```

```
    ucState ^= 0x10;               // 切换数据、参数界面
    ucState &= ~3;
    ucState |= 2;
  case 5:                          // S5 键
    if ((++ucState & 3) == 3)      // 切换数据或参数子界面状态
      ucState &= ~3;
    ucHour = ucHour1;              // 保存参数
    ucTemp = ucTemp1;
    ucLedp = ucLedp1;
    break;
  case 8:                          // S8 键
    switch (ucState)               // 参数减 1
    {
      case 0x10:                   // 修改时间参数
        if (ucHour1 > 0)
          --ucHour1;
        else
          ucHour1 = 23;
        break;
      case 0x11:                   // 修改温度参数
        if (ucTemp1 > 0)
          --ucTemp1;
        else
          ucTemp1 = 99;
        break;
      case 0x12:                   // 修改 LED 参数
        if (ucLedp1 > 4)
          --ucLedp1;
        else
          ucLedp1 = 8;
    }
    break;
  case 9:                          // S9 键
    switch (ucState)               // 参数加 1
    {
      case 0x10:                   // 修改时间参数
        if (ucHour1 < 23)
          ++ucHour1;
        else
          ucHour1 = 0;
        break;
      case 0x11:                   // 修改温度参数
        if (ucTemp1 < 99)
          ++ucTemp1;
        else
          ucTemp1 = 0;
```

```
        break;
      case 0x12:                      // 修改 LED 参数
        if (ucLedp1 < 8)
          ++ucLedp1;
        else
          ucLedp1 = 4;
    }
  }
}

void Led_Proc(void)
{
  unsigned long ulTime;

  if (uiLed_Dly < 500)              // 500ms 时间到
    return;
  uiLed_Dly = 0;

  RTC_Get(pucRtc);
  pucRtc[0] = (pucRtc[0]>>4)*10 + (pucRtc[0]&0xf);
  pucRtc[1] = (pucRtc[1]>>4)*10 + (pucRtc[1]&0xf);
  pucRtc[2] = (pucRtc[2]>>4)*10 + (pucRtc[2]&0xf);
  ulTime = (pucRtc[0]*60+pucRtc[1])*60+pucRtc[2];
  if ((ulTime >= ucHour*3600) || (ulTime <= 8*3600))
    ucLed |= 1;
  else
    ucLed &= ~1;

  uiTemp = Temp_Read();
  if (uiTemp < (ucTemp<<4))
    ucLed |= 2;
  else
    ucLed &= ~2;

  ucAdc = PCF8591_Adc(1);
  if (ucAdc > 50)
  {
    ucRds = 0;                        // 亮状态
    ucLed &= ~(1 << (ucLedp-1));      // 熄灭指定的 LED
  }
  else
  {
    ucRds = 1;                        // 暗状态
    ucLed |= 1 << (ucLedp-1);         // 点亮指定的 LED
  }
  if (ucRds != ucRdt)
```

```
    {
      ucSec = 0;                          // 状态变化开始计时
      ucRdt = ucRds;
    }
    if (ucSec >=3)                        // 持续时间超过 3s
      if (ucAdc > 50)
        ucLed &= ~4;
      else
        ucLed |= 4;

    Led_Disp(ucLed);                      // LED 显示状态
  }
```

在 tim.c 中做如下修改。

① 添加下列外部变量声明：

```
extern unsigned int  uiLed_Dly;  // LED 延时
```

② 在 T1_Proc()的后部添加下列语句：

```
uiLed_Dly++;
```

注释掉 i2c.c 中的 AT24C02_Write()、AT24C02_Read()和 PCF8591_Dac()函数。

4.2.2 系统测试

系统测试的主要步骤如下。

（1）将光敏电阻 RD1 的光照值调到 10 以上。单击“运行仿真”按钮▶，运行程序，系统默认显示时间数据，LED 全部熄灭，10s 后 L1 点亮。

① 单击 S5 键，显示温度数据，温度数据小于温度参数（25℃）时 L2 点亮，否则 L2 熄灭。

② 单击 S5 键，显示光敏电阻分压结果和亮暗状态 0。调低光敏电阻的光照值，电压值降低，当电压值小于一定值时，状态变为 1，L4 点亮，3s 后 L3 点亮；调高光敏电阻的光照值，电压值升高，当电压值大于一定值时，状态变回 0，L4 熄灭，3s 后 L3 熄灭。

使用竞赛实训平台测试时，遮挡光敏电阻，状态变为 1，L4 点亮，3s 后 L3 点亮；移开遮挡，状态变为 0，L4 熄灭，3s 后 L3 熄灭。

（2）单击 S4 键，切换到时间参数设置界面（P1），单击 S8 或 S9 键，时间参数在 00～23 之间变化，将时间参数设为“18”。

① 单击 S5 键，切换到温度参数设置界面（P2），L1 熄灭（时间参数生效），单击 S8 或 S9 键，温度参数在 00～99 之间变化，将温度参数设置为“30”。

② 单击 S5 键，切换到 LED 参数设置界面，L2 点亮（温度参数生效），单击 S8 或 S9 键，LED 参数在 4～8 之间变化，将 LED 参数设置为“8”。

（3）单击 S4 键，重新显示时间数据，单击 S5 键，重新显示温度数据，温度小于温度参数（30℃）时 L2 点亮，否则 L2 熄灭。

使用竞赛实训平台测试时，用手捏住 DS18B20 可以改变温度数据。

（4）单击 S5 键，显示亮暗状态 0。调低光敏电阻的光照值，当光照值小于一定值时，状态变为 1，**L8** 点亮。

（5）单击“停止仿真”按钮■，停止仿真。

4.2.3 客观题解析

不定项选择（3 分/题）

（1）处于谐振状态的 RLC 串联电路，当电源频率升高时，电路将呈现出（　　）。

A．电阻性　　B．电容性　　C．电感性　　D．不能确定

（2）测得处于放大工作区的 NPN 三极管上的参数为：I_E=1mA，I_B=20μA，推断 I_C 为（　　）mA

A．0.98　　B．0.8　　C．1.02　　D．1.2

（3）MCS51 单片机上电复位后，PC 的内容为（　　）。

A．0000H　　B．0030H　　C．0800H　　D．000BH

（4）施密特触发器常用于对脉冲波形的（　　）。

A．定时　　B．整形　　C．清零　　D．计数

（5）三极管作为开关时，工作区域是（　　）。

A．饱和区和放大区　　B．饱和区和截止区　　C．放大区和截止区　　D．放大区和击穿区

（6）下列哪些通信方式中可以不用独立的时钟信号线？（　　）

A．UART　　B．SPI　　C．1-Wire　　D．I2C

（7）将单片机 UART 转换为 RS-232C 接口输出的原因是（　　）。

A．RS-232C 具有更高的通信速度

B．提高通信电平，提升抗干扰能力

C．完成数制编码转换

D．通过 RS-232C 接口可以实现双向通信

（8）在 C51 中，一个指针变量占用（　　）个字节。

A．1　　B．2　　C．3　　D．4

（9）下列关于 IAP15F2K61S2 单片机说法中错误的是（　　）。

A．P0 口可以不用外接上拉电阻使用

B．必须使用外部晶振提供系统时钟

C．程序运行过程中不可调整单片机的系统时钟

D．指令代码兼容传统 8051 单片机

（10）以下哪些原因可能导致竞赛平台无法完成程序下载功能？（　　）

A．电路板电源开关出现故障

B．计算机上没有安装相应的 USB 转串行口驱动程序

C．计算机上未安装 Keil uVision 集成开发环境

D．芯片型号或下载端口选择错误

解析：

（1）处于谐振状态的 RLC 串联电路，电源频率升高时电路将呈现出电感性。答案为（C）。

（2）$I_C = I_E - I_B = 0.98$mA。答案为（A）。

（3）MCS-51 单片机上电复位后，PC 的内容为 0000H。答案为（A）。

（4）施密特触发器常用于对脉冲波形的整形。答案为（B）。

（5）三极管作为开关时，工作区域是饱和区和截止区。答案为（B）。

（6）通信方式中可以不用独立时钟信号线的是 UART 和 1-Wire。答案为（AC）。

（7）将 UART 转换为 RS-232C 的原因是提高通信电平，提升抗干扰能力。答案为（B）。

（8）在 C51 中，一个指针变量占用 3 个字节，第 1 个字节是存储器类型，第 2、3 个字节是指向数据地址的高字节和低字节。答案为（C）。

（9）IAP15F2K61S2 单片机的 P0 口必须外接上拉电阻使用，可以使用内部振荡器提供系统时钟，程序运行过程中不可调整单片机的系统时钟，指令代码兼容传统 8051 单片机。答案为（BC）。

（10）可能导致竞赛平台无法完成程序下载功能的原因有电路板电源开关出现故障，计算机上没有安装相应的 USB 转串行口驱动程序，芯片型号或下载端口选择错误。答案为（ABD）。

4.3　第十二届省赛试题

系统硬件框图如图 4.19 所示。

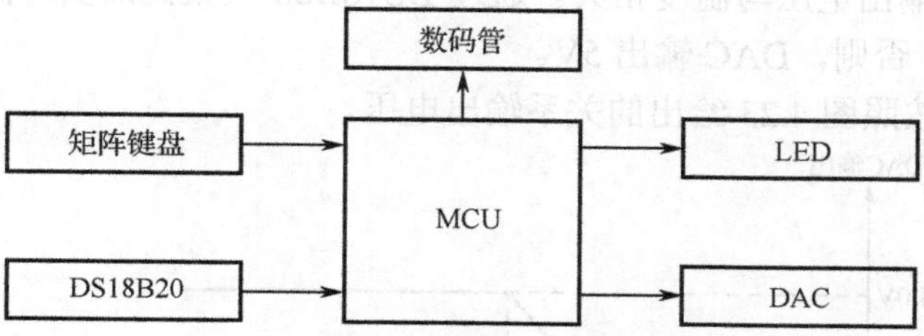

图 4.19　系统硬件框图

系统功能描述如下：

（1）功能概述

① 通过获取 DS18B20 温度传感器的温度数据，完成温度测量功能。

② 通过 PCF8591 ADC/DAC 芯片完成 DAC 输出功能。

③ 通过数码管完成题目要求的数据显示功能。

④ 通过按键完成题目要求的显示界面切换和设置功能。

⑤ 通过 LED 指示灯完成题目要求的指示功能。

（2）性能要求

① 温度数据刷新时间：≤1s。

② DAC 输出电压刷新时间：≤0.5s。

③ 按键动作响应时间：≤0.2s。

（3）显示功能

① 温度数据显示界面：温度数据显示界面如图 4.20 所示，显示内容包括标识符 C 和温度数据，温度数据保留小数点后 2 位有效数字，单位为摄氏度。

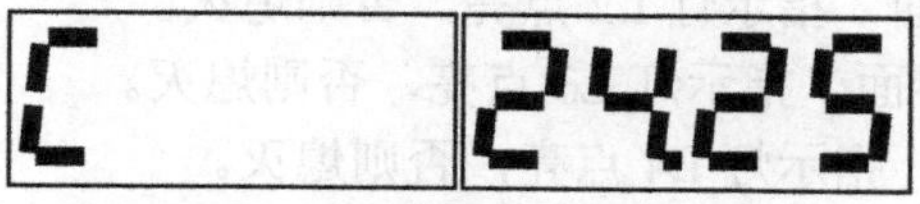

图 4.20　温度数据显示界面

② 参数设置界面：参数设置界面如图 4.21 所示，显示内容包括标识符 P 和温度参数，温度参数为整数，单位为摄氏度。

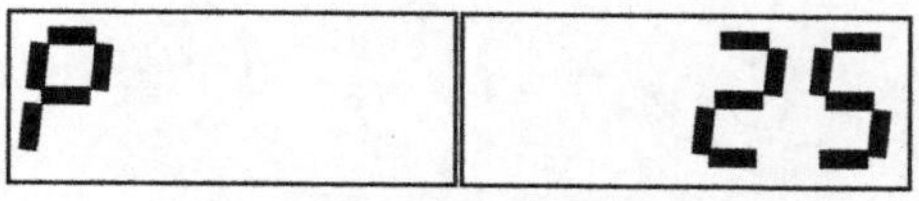

图 4.21　参数设置界面

③ DAC 输出界面：DAC 输出界面如图 4.22 所示，显示内容包括标识符 A 和当前 DAC 输出的电压值，电压数据保留小数点后 2 位有效数字。

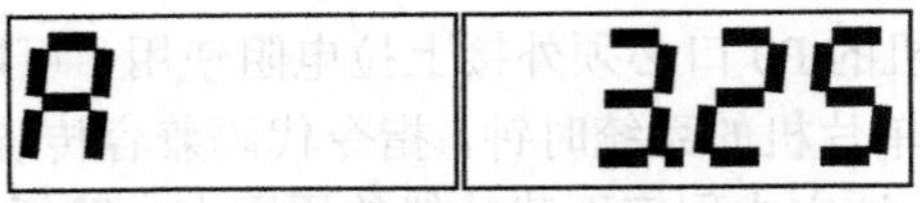

图 4.22　DAC 输出界面

（4）按键功能

① S4：定义为数据显示界面切换按键，按下此按键，循环切换温度数据显示界面、参数设置界面和 DAC 输出界面。

② S5：定义为输出模式切换按键，按下此按键，循环切换 DAC 输出模式 1 和模式 2。

- 模式 1：DAC 输出电压与温度相关。通过 DS18B20 采集到的实时温度小于温度参数时，DAC 输出 0V，否则，DAC 输出 5V。
- 模式 2：DAC 按照图 4.23 给出的关系输出电压。

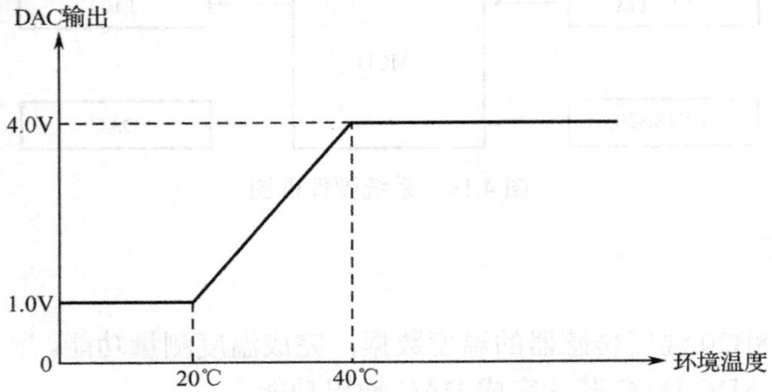

图 4.23　模式 2 下 DAC 输出电压

③ S8：定义为减按键，在参数设置界面下按下此按键，温度参数减 1。

④ S9：定义为加按键，在参数设置界面下按下此按键，温度参数加 1。

⑤ 其他要求

- 按键应做好消抖处理，避免出现一次按键动作导致功能多次触发等问题。
- 按键动作不影响数码管显示和数据采集过程。
- S8 和 S9 按键仅在参数设置界面有效。
- 设定的温度参数在退出参数设置界面时生效。

（5）LED 指示功能（有修改）

① 当前处于温度数据显示界面，指示灯 L1 点亮，否则熄灭。

② 当前处于参数设置界面，指示灯 L2 点亮，否则熄灭。

③ 当前处于 DAC 输出界面，指示灯 L3 点亮，否则熄灭。

④ 当前处于模式 1 状态，指示灯 L4 点亮，否则熄灭。

（6）初始状态说明

请严格按照以下要求设计作品的上电初始状态。

① 处于温度数据显示界面。

② 处于模式 1。

③ 温度参数为 25℃。

4.3.1　系统设计

通过分析系统基本功能，可以得到系统原理框图如图 4.24 所示。

单片机从矩阵键盘采集功能要求，将数据按要求显示到数码管，并控制 LED 的点亮与熄灭，通过温度传感器 DS18B20 采集温度值，通过 PCF8591 DAC 输出电压。

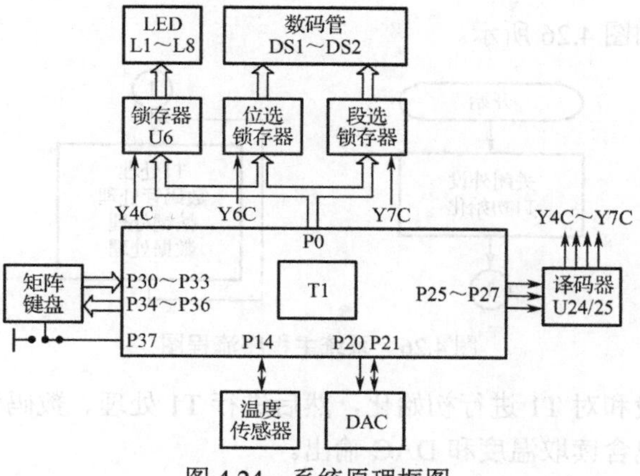

图 4.24　系统原理框图

系统重点分析如下。

① 温度采集：DS18B20 输出的温度值包括 7 位整数和 4 位小数（用 uiTemp 表示），将其右移 4 位得到整数部分（用 ucTemp 表示）用于温度判断。

② 参数设置：设置参数（用 ucPara 表示）用于温度判断。由于题目要求设置参数在退出参数设置界面时生效，所以需要定义一个临时变量（用 ucPara1 表示）用于设置和显示，退出参数设置界面进入 DAC 输出界面时将 ucPara1 赋值给 ucPara。

③ DAC 输出：由于题目要求 DAC 输出电压值保留小数点后 2 位有效数字，所以为了表示方便，将电压值乘 100（用 uiDac 表示）。模式用 ucLed 的 D3 位表示。模式 2 的 DAC 输出中间段是一条斜线，利用两个端点的值可以求出斜线的表达式为：

$$uiDac=(ucTemp\times 15)-200$$

系统设计在 PCF8591 设计的基础上完成：在“D:\MCS51”文件夹中将“304_PCF8591”文件夹复制粘贴并重命名为“403_121”文件夹。

在原理图中删除“24C02”，添加“DS18B20”，如图 4.25 所示。

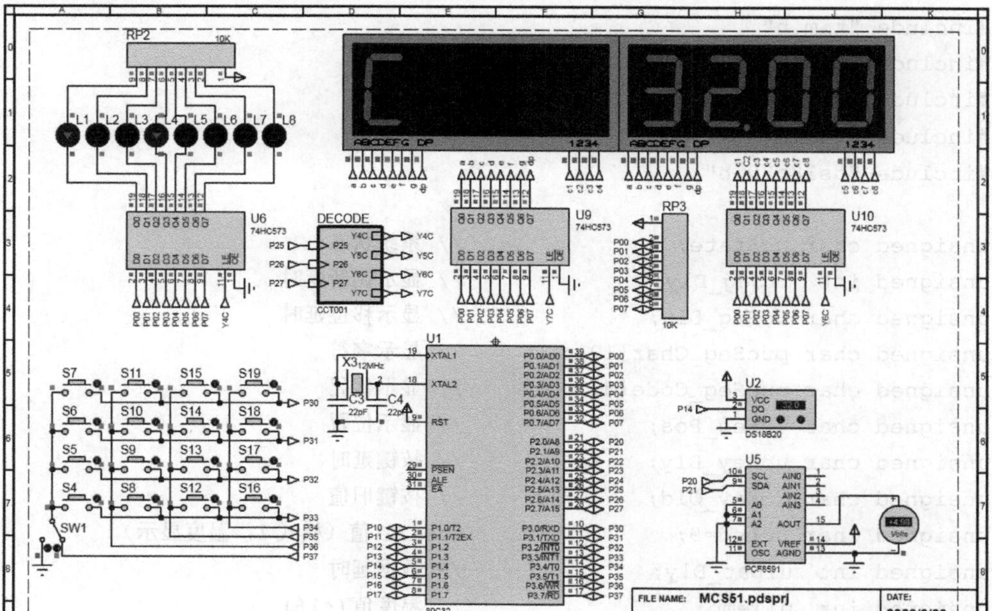

图 4.25　系统原理图

系统主程序流程图如图 4.26 所示。

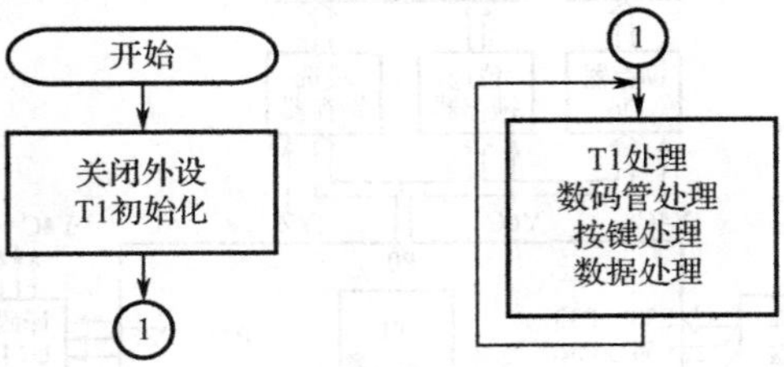

图 4.26　系统主程序流程图

主程序首先关闭外设和对 T1 进行初始化，然后进行 T1 处理、数码管处理、按键处理和数据处理，其中数据处理中包含读取温度和 DAC 输出。

系统设计主要步骤如下：

① 将 ds18b20.h 和 ds18b20.c 添加到工程中。

② 根据显示功能修改 Seg_Proc()函数内容。

③ 根据按键功能修改 Key_Proc()函数内容。

④ 根据其他功能设计 Dat_Proc()函数。

系统头文件 main.h 内容如下：

```
/*
 * 程序说明：第 12 届省赛试题头文件
 * 硬件环境：CT107D 单片机竞赛实训平台（可选）
 * 软件环境：Keil 5.00 以上，Proteus 8.6 SP2
 * 日期：2022/8/28
 * 作者：gsjzbj
*/
#include <stdio.h>
#include "tim.h"
#include "seg.h"
#include "key.h"
#include "i2c.h"
#include "ds18b20.h"

unsigned char ucState;                    // 系统状态
unsigned int  uiSeg_Dly;                  // 显示刷新延时
unsigned char ucSeg_Dly;                  // 显示移位延时
unsigned char pucSeg_Char[12];            // 显示字符
unsigned char pucSeg_Code[8];             // 显示代码
unsigned char ucSeg_Pos;                  // 显示位置
unsigned char ucKey_Dly;                  // 按键延时
unsigned char ucKey_Old;                  // 按键旧值
unsigned char ucLed=9;                    // LED 值（模式 1，温度显示）
unsigned int  uiDat_Dly;                  // 数据延时
unsigned int  uiTemp;                     // 温度值(*16)
unsigned int  uiDac;                      // DAC 值(*100)
unsigned char ucPara=25, ucPara1=25; // 温度参数
```

```
void Seg_Proc(void);
void Key_Proc(void);
void Dat_Proc(void);
```

系统主文件 main.c 内容如下：

```
/*
 * 程序说明：第 12 届省赛试题主文件
 * 硬件环境：CT107D 单片机竞赛实训平台（可选）
 * 软件环境：Keil 5.00 以上，Proteus 8.6 SP2
 * 日期：2022/8/28
 * 作者：gsjzbj
*/
#include "main.h"
// 主函数
void main(void)
{
  Close_Peripheral();
  T1_Init();

  while (1)
  {
    T1_Proc();
    Seg_Proc();
    Key_Proc();
    Dat_Proc();
  }
}

void Seg_Proc(void)
{
  if (uiSeg_Dly > 500)              // 500ms 时间到
  {
    uiSeg_Dly = 0;

    switch(ucState)
    {
      case 0:                       // 温度显示
        sprintf(pucSeg_Char, "C   %04.2f", uiTemp/16.0);
        break;
      case 1:                       // 参数显示
        sprintf(pucSeg_Char, "P     %02u", (unsigned int)ucPara1);
        break;
      case 2:                       // DAC 显示
        sprintf(pucSeg_Char, "A    %03.2f", uiDac/100.0);
    }
```

```
    Seg_Tran(pucSeg_Char, pucSeg_Code);
  }
  if (ucSeg_Dly > 2)
  {
    ucSeg_Dly = 0;

    Seg_Disp(pucSeg_Code, ucSeg_Pos);
    ucSeg_Pos = ++ucSeg_Pos & 7;
  }
}

void Key_Proc(void)
{
  unsigned char ucKey_Val, ucKey_Dn, ucKey_Up;

  if (ucKey_Dly < 10)               // 10ms 时间未到
    return;                         // 延时消抖
  ucKey_Dly = 0;

  ucKey_Val = Key_Read();           // 读取按键值
  ucKey_Dn = ucKey_Val & (ucKey_Old ^ ucKey_Val);
  ucKey_Up = ~ucKey_Val & (ucKey_Old ^ ucKey_Val);
  ucKey_Old = ucKey_Val;            // 保存按键值

  switch (ucKey_Dn)
  {
    case 4:                         // S4
      if(++ucState == 3)
        ucState = 0;
      if(ucState == 2)              // 设定的温度参数在退出参数设置界面时生效
        ucPara = ucPara1;
      ucLed &= ~7;
      ucLed |= 1 << ucState;        // 设置 LED 指示
      break;
    case 5:                         // S5
      ucLed ^= 8;                   // 切换模式（LED4）
      break;
    case 8:                         // S8
      if(ucState == 1)              // S8 按键仅在参数设置界面有效
        if(ucPara1 != 0)
          ucPara1--;
      break;
    case 9:                         // S9
      if(ucState == 1)              // S9 按键仅在参数设置界面有效
        ucPara1++;
  }
```

```
  Led_Disp(ucLed);                    // LED显示状态
}

void Dat_Proc(void)
{
  unsigned char ucTemp;

  if(uiDat_Dly < 500)
    return;
  uiDat_Dly = 0;

  uiTemp = Temp_Read();               // 读取温度
  ucTemp = uiTemp >> 4;               // 整数部分

  if((ucLed & 8) == 8)                // 模式1
  {
    if(ucTemp < ucPara)
      uiDac = 0;                      // 0V
    else
      uiDac = 500;                    // 5V
  }
  else                                // 模式2
  {
    if(ucTemp < 20)
      uiDac = 100;                    // 1V
    else if(ucTemp >= 40)
      uiDac = 400;                    // 4V
    else
      uiDac = (ucTemp * 15) - 200;
  }
  PCF8591_Dac(uiDac * 0.51);          // 255/500
}
```

在tim.c中做如下修改：

① 删除下列外部变量声明前的extern：

```
~~extern~~ unsigned char  ucSec;  // 秒值
```

② 添加下列外部变量声明：

```
extern unsigned int  uiDat_Dly;  // 数据延时
```

③ 在T1_Proc()的后部添加下列语句：

```
  uiDat_Dly++;
```

注释掉i2c.c中的AT24C02_Write()和AT24C02_Read()函数。

.3.2 系统测试

系统测试的主要步骤如下。

（1）单击“运行仿真”按钮▶，运行程序，系统默认处于温度显示界面（L1 点亮），模式 1（L4 点亮）。改变 DS18B20 的温度值，显示值相应改变。

（2）单击 S4 键，切换到参数设置界面（参数值为 25℃），L2 点亮。

单击 S8 键，参数值减小。单击 S9 键，参数值增大。将初始值调到“30”。

（3）单击 S4 键，切换到 DAC 输出界面，L3 点亮。

温度值小于参数值时，显示值为 0.00V；温度值大于参数值时，显示值为 5.00V。

（4）单击 S5 键，切换到模式 2，L4 熄灭。

温度值小于 20℃时，显示值为 1.00V；温度值大于 20℃小于 40℃时，显示值随温度值线性增加，温度值为 30℃时，显示值为 2.50V；温度值大于 40℃时，显示值为 4.00V。

（5）单击“停止仿真”按钮■，停止仿真。

4.3.3 客观题解析

不定项选择（3 分/题）：

（1）MCS-51 单片机外部中断 1 的中断请求标志是（　　）。

A．ET1　　B．IE1　　C．TF1　　D．IT1

（2）串口通信中用于描述通信速度的波特率单位是（　　）。

A．字节/秒　　B．位/秒　　C．帧/秒　　D．字/秒

（3）放大电路的开环指的是（　　）。

A．无负载　　B．无信号源　　C．无反馈通路　　D．未接入电源

（4）与 $A+B+C$ 相等的表达式为（　　）。

A．$\overline{A}\cdot\overline{B}\cdot\overline{C}$　　B．$\overline{\overline{A}\cdot\overline{B}\cdot\overline{C}}$　　C．$\overline{A}+\overline{B}+\overline{C}$　　D．$\overline{A}\cdot\overline{B}+C$

（5）下列哪个电路不是时序逻辑电路（　　）。

A．计数器　　B．寄存器　　C．译码器　　D．触发器

（6）下列关于 do-while 语句说法正确的是（　　）。

A．可能一次都不执行　　B．至少执行一次

C．先判断条件，再执行循环体　　D．以上说法均不正确

（7）当放大电路的电压增益为-20dB 时，说明它的电压放大倍数为（　　）。

A．-20 倍　　B．20 倍　　C．10 倍　　D．0.1 倍

（8）关于 IAP15F2K61S2 单片机，以下说法中正确的有（　　）。

A．主时钟可以是内部 R/C 时钟，也可以是外部晶体产生的时钟。

B．提供 14 个中断源请求，所有中断源均具有 2 个中断优先级。

C．具有 2 个串行通信端口，每个端口均可以同时收发数据。

D．2K SRAM，最高运行主频 24MHz。

（9）理论上，多级放大电路和组成它的各单级放大电路相比，通频带（　　）。

A．变宽　　B．变窄　　C．不变　　D．无关联

（10）5V 供电的情况下，使用 IAP15F2K61S2 的 AD 功能，配置 ADRJ 位为 0，当 ADC_RES 寄存器值为 30H，ADC_RESL 寄存器值为 03H 时，AD 转换的结果应为（　　）。

A．0.93V　　B．3.98V　　C．2.02V　　D．0.95V

解析：

（1）ET1 是定时器 1 中断允许，IE1 是外部中断 1 中断请求标志，TF1 是定时器 1 中断标志，IT1 是外部中断 1 中断类型选择。答案为（B）。

（2）串口通信中用于描述通信速度的波特率单位是位/秒。答案为（B）。

注意：严格意义上讲，描述通信速度的应该是比特率（位/秒），波特率的单位是波特（符号/秒），可以是字节/秒，也可以是字/秒，帧/秒叫帧频。

（3）放大电路的开环指的是无反馈通路。答案为（C）。

（4）根据反演律（摩根定律），答案为（B）。

（5）时序逻辑电路的特点是任一时刻的输出状态由输入和电路原来的状态共同决定，译码器是组合电路，其特点是任一时刻的输出状态只由输入状态决定。答案为（C）。

（6）do-while 语句先执行循环体再判断，所以至少会执行一次循环体。答案为（B）。

（7）电压增益 dB 的定义是 20lgA_u，$A_u = 10^{-1}$，答案为（D）。

（8）IAP15F2K61S2 的部分中断源具有 2 个中断优先级，最高运行主频高于 24MHz。答案为（AC）。

（9）多级放大电路的上限频率小于单级放大器的上限频率，下限频率大于单级放大器的下限频率，所以整体频宽相对组成它的单级放大器变窄。答案为（B）。

（10）ADRJ 为 0 时，ADC_RES[7:0]存放高 8 位转换结果，ADC_RESL[1:0]存放低 2 位转换结果，10 位转换结果为(30H<<2) + 3 = C3H (195)，195×5/1023 = 0.95(V)。答案为（D）。

4.4　第十二届国赛试题

系统硬件框图如图 4.27 所示。

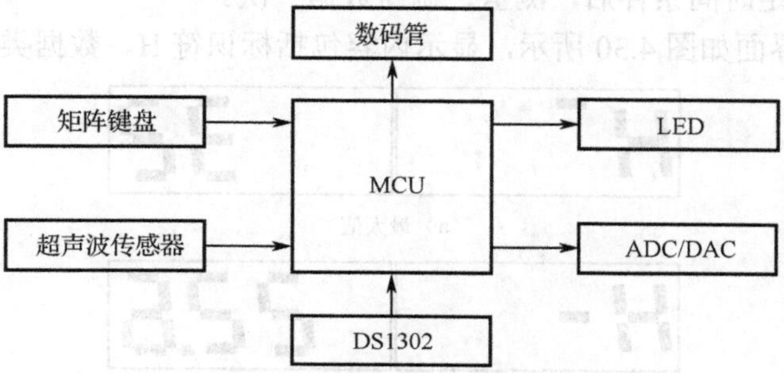

图 4.27　系统硬件框图

系统功能描述如下：

（1）功能概述

按照以下要求设计一个超声波物位计：

① 通过获取 DS1302 芯片的时、分和秒寄存器值，完成相关时钟功能。

② 通过驱动超声波传感器实现距离测量功能。

③ 通过数码管完成题目要求的界面显示功能。

④ 通过按键完成题目要求的显示界面切换、参数调整和功能设定等功能。

⑤ 通过 LED 指示灯完成题目要求的指示功能。

⑥ 使用 PCF8591 ADC 判断光敏电阻的亮暗状态，使用 DAC 完成电压输出。

（2）性能要求

① 界面切换时间：≤0.2s。

② 按键动作响应时间：≤0.2s。

③ 距离测量范围：≥80cm。

④ 数据采集精度：

- 超声波距离测量：≤±4cm。
- DAC 输出电压：≤±0.3V。

（3）显示功能

① 数据显示界面

- 时间数据显示界面如图 4.28 所示，显示内容包括时、分、秒数据和间隔符号。

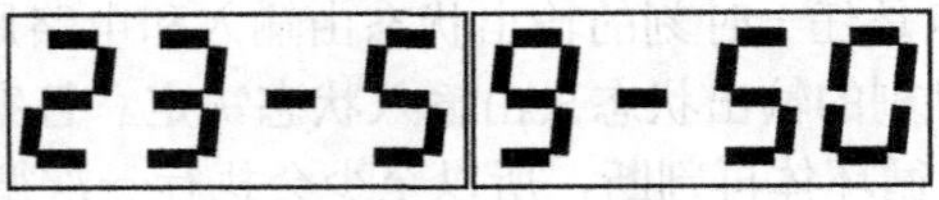

图 4.28　时间数据显示界面

- 距离数据显示界面如图 4.29 所示，显示内容包括界面标识符 L、距离测量模式标识符（C—触发模式，F—定时模式）和距离数据，距离数据为整数，单位为厘米。

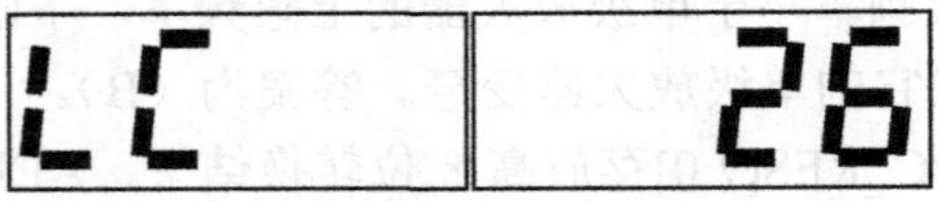

图 4.29　距离数据显示界面（触发模式）

使用 3 位数码管显示距离数据，当数据长度不足 3 位时，高位数码管熄灭。

模式标识：

C：触发模式，满足触发条件后，测量、刷新数据一次。

F：定时模式，满足时间条件后，测量、刷新数据一次。

- 数据记录显示界面如图 4.30 所示，显示内容包括标识符 H、数据类型标识符和数据。

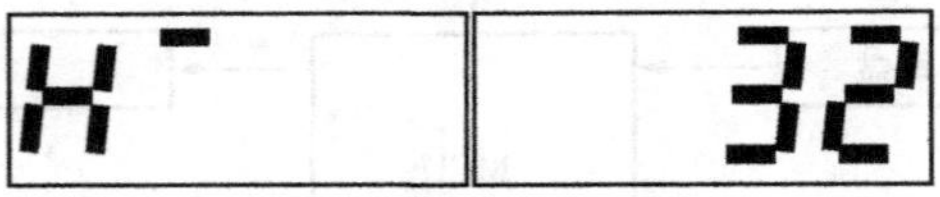

（a）最大值

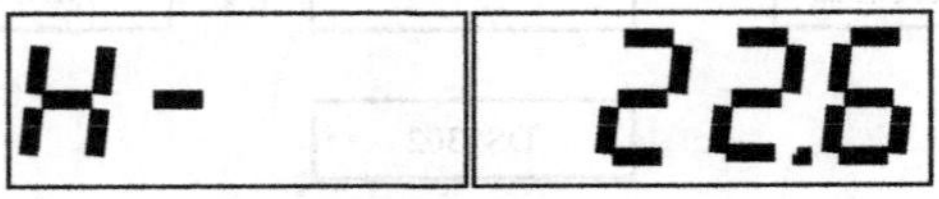

（b）平均值

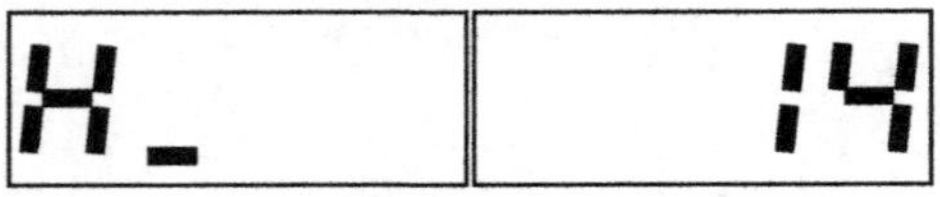

（c）最小值

图 4.30　数据记录显示界面

数据记录类型说明：

◆ 使用数码管的 a、g 和 d 段分别标识最大值、平均值和最小值。

◆ 最大值、最小值和平均值的计算，应包含自设备开机上电后，在触发和定时模式下的所有采集结果。

◆ 使用 4 位数码管显示最大值、最小值和平均值，最大值和最小值为整数，平均值保留小数点后 1 位有效数字，当数据长度不足 4 位时，高位数码管熄灭。

② 参数设置界面

- 采集时间参数设置：采集时间参数设置界面如图 4.31 所示，显示内容包括提示符 P、参数界面编号 1 和采集时间参数。

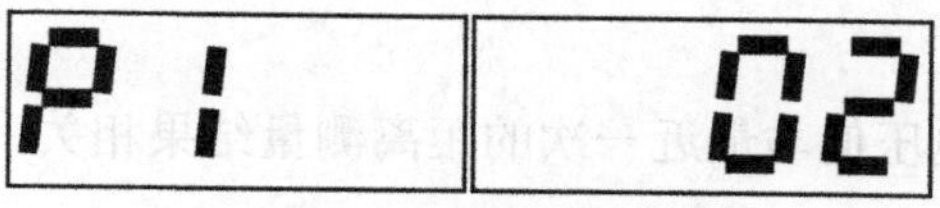

图 4.31　采集时间参数设置界面

采集时间参数说明：

◆ 参数可设置范围：2s、3s、5s、7s 和 9s

◆ 参数使用 2 位数码管显示，数据长度不足 2 位时高位补 0。

● 距离参数设置：距离参数设置界面如图 4.32 所示，显示内容包括提示符 P、参数界面编号 2 和距离参数。

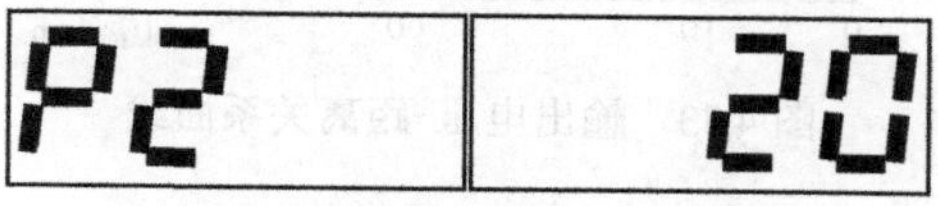

图 4.32　距离参数设置界面

距离参数说明：

◆ 参数可设置范围：10～80cm

◆ 参数使用 2 位数码管显示，数据长度不足 2 位时高位补 0。

（4）按键功能

① 功能说明

S4：定义为界面按键，按下 S4 键，切换数据显示界面和参数设置界面。

S5：定义为切换按键，在数据显示界面下，按下 S5 键，切换显示时间、距离和数据记录；在参数设置界面下，按下 S5 键，切换采集时间设置和距离参数设置。

S8：定义为模式按键，在距离数据显示界面下，按下 S8 键，切换触发和定时模式；在数据记录显示界面下，按下 S8 键，按照最大值、最小值和平均值顺序切换显示。

S9：定义为调整按键，在采集时间参数设置界面下，按下 S9 键，按照 2s、3s、5s、7s 和 9s 循环切换；在距离参数设置界面下，按下 S9 键，距离参数加 10，超过 80 返回 10。

② 界面切换要求

请严格按照下列要求，设置界面切换模式：

● 每次从数据显示界面进入参数设置界面，默认当前为采集时间参数设置。

● 每次从参数设置界面进入数据显示界面，默认当前为时间数据显示。

● 每次进入数据记录显示界面，默认当前显示为距离最大值。

③ 设计要求

● 按键应做好消抖处理，避免出现一次按键动作导致功能多次触发等问题。

● 按键动作不影响数码管显示和数据采集过程。

● 约束参数设置边界。

● 所有参数均在退出参数设置界面时生效，参数调整过程中不生效。

● 按键仅在规定的界面下可以触发相关功能，否则无效。

（5）距离测量模式说明

① 定时模式：从 RTC 芯片 DS1302 获得的秒值可以整除采集时间参数，触发一次距离数据采集和刷新。

② 触发模式：当光敏电阻 RD1 采集的环境光线状态从“亮”（日常环境光）变“暗”（遮挡光敏电阻）时，触发一次距离数据采集和刷新。

（6）DAC 输出功能

DAC（PCF8591）输出电压值与最近一次的距离测量结果相关，其关系曲线如图 4.33 所示。

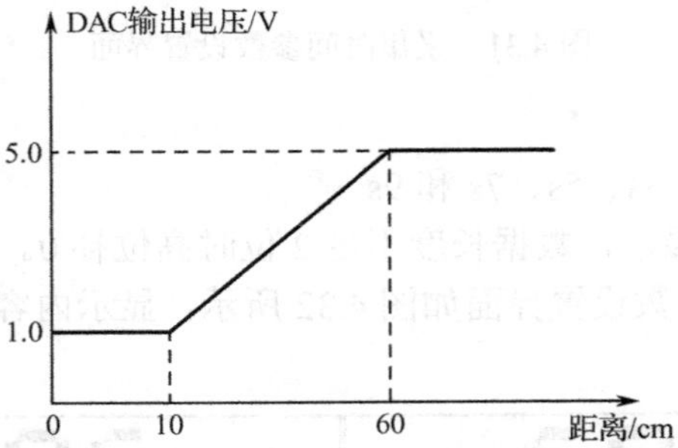

图 4.33　输出电压-距离关系曲线

（7）LED 功能

① L1：处于时间数据显示界面，L1 点亮，否则熄灭。

② L2：处于距离数据显示界面，L2 点亮，否则熄灭。

③ L3：处于数据记录显示界面，L3 点亮，否则熄灭。

④ L4：处于触发模式下，L4 点亮，否则熄灭。

⑤ L5：在定时模式下，“**连续**”测量到的 3 次距离数据在距离参数“**附近**”（±5cm），L5 点亮，否则熄灭。

⑥ L6：当光敏电阻 RD1 采集的环境光线状态为“亮”时，指示灯 L6 点亮，否则熄灭。

（8）初始状态与默认参数

下列要求规定了作品的初始化状态和默认参数，请严格按照要求进行设计：

① 处于数据显示界面，显示时间数据。

② 处于触发模式，环境光状态触发距离数据采集和刷新。

③ 参数在每次上电时重置为默认值。

- 时间参数：2s
- 距离参数：20cm

4.4.1　系统设计

通过分析系统基本功能，可以得到系统原理框图如图 4.34 所示。

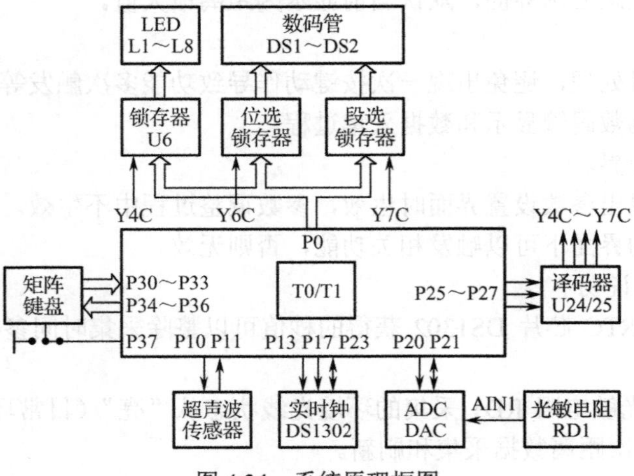

图 4.34　系统原理框图

单片机从矩阵键盘采集功能要求，将数据按要求显示到数码管，并控制 LED 的点亮与熄灭。通过超声波传感器实现距离测量，通过 DS1302 实现时钟功能，通过 PCF8591 ADC 采集光敏电阻上的电压，并通过 PCF8591 DAC 实现电压输出。

系统重点分析如下。

① 系统状态表示：系统共有 5 个界面：3 个数据显示界面和 2 个参数设置界面，分别用状态值 0x00～0x02 和 0x10～0x11 表示。

② 最大值、平均值和最小值表示：最大值和最小值的初值分别为 0 和 255，平均值用数据累加 uiSum/数据数量 ucNum 计算。

③ 采集时间参数表示：由于采集时间参数值不规律，所以用数组 ucTime[5]表示，修改时通过修改数组下标 ucTime1 实现，ucTime2 为修改用临时变量。

④ 距离测量条件表示：距离测量条件用 ucFlag 和 ucFlag1 表示，满足触发条件和时间条件时置位，否则复位。满足距离测量条件时进行距离测量，保存最大值和最小值，并进行数据累加。

⑤ DAC 输出：DAC 输出用 uiDac 表示（×100），中间段斜线的表达式为：

uiDac= (ucDist×8)+20

⑥ 附近值的判断：通过比较距离值 ucDist 和距离参数 ucDist1 的大小，并计算两者的差值进行判断。

系统设计在超声波传感器设计的基础上完成：在“D:\MCS51”文件夹中将“305_ULTRASONIC”文件夹复制粘贴并重命名为“404_122”文件夹。

在原理图中添加“DS1302”和“PCF8591”，如图 4.35 所示。

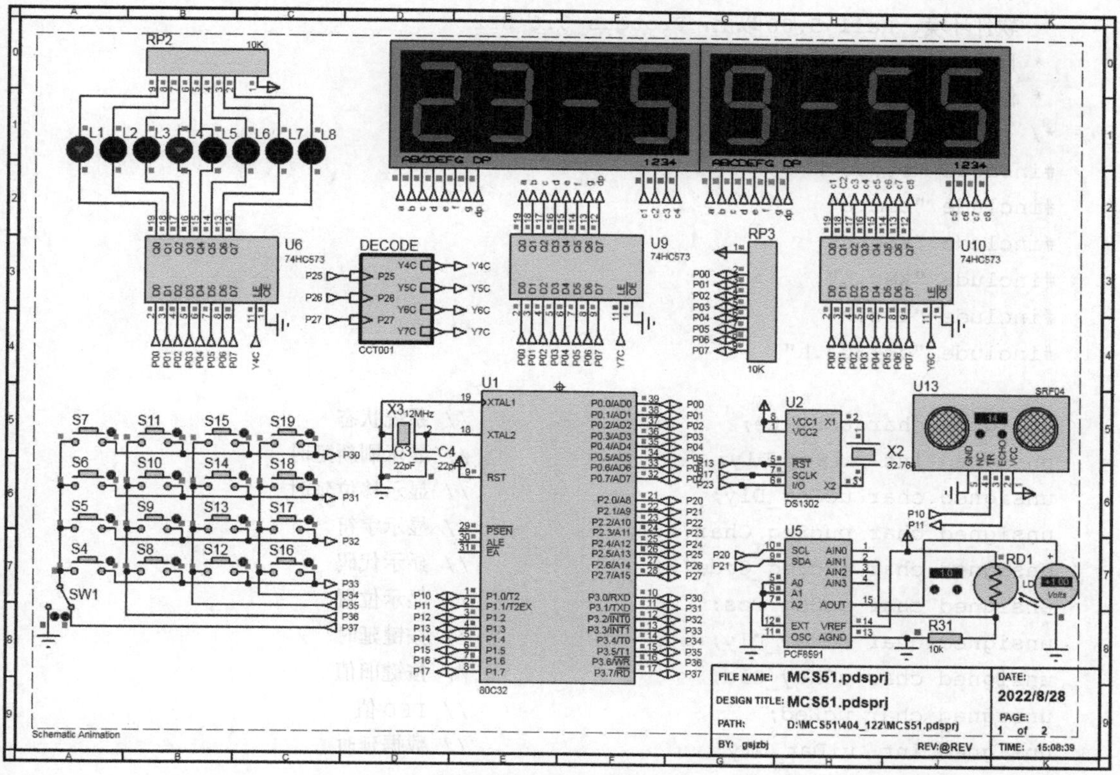

图 4.35　系统原理图

系统主程序流程图如图 4.36 所示。主程序首先关闭外设，对 T1 进行初始化，设置 RTC 时钟，然后循环进行 T1 处理、数码管处理、按键处理、LED 处理和数据处理，其中数据处理包含获取

RTC 时钟、距离测量、ADC 输入和 DAC 输出。

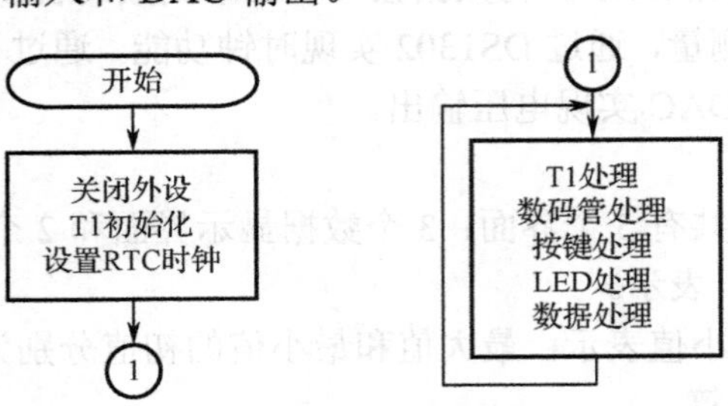

图 4.36　系统主程序流程图

系统设计主要步骤如下。

① 将 ds1302.h、ds1302.c、i2c.h 和 i2c.c 添加到工程中。

② 根据显示功能修改 Seg_Proc()函数内容。

③ 根据按键功能修改 Key_Proc()函数内容。

④ 根据 LED 功能设计 Led_Proc()函数。

⑤ 根据其他功能设计 Dat_Proc 函数。

系统头文件 main.h 内容如下：

```
/*
 * 程序说明：第 12 届国赛试题头文件
 * 硬件环境：CT107D 单片机竞赛实训平台（可选）
 * 软件环境：Keil 5.00 以上，Proteus 8.6 SP2
 * 日期：2022/8/28
 * 作者：gsjzbj
*/
#include <stdio.h>
#include "tim.h"
#include "seg.h"
#include "key.h"
#include "i2c.h"
#include "ds1302.h"

unsigned char ucState;                          // 系统状态
unsigned int  uiSeg_Dly;                        // 显示刷新延时
unsigned char ucSeg_Dly;                        // 显示移位延时
unsigned char pucSeg_Char[12];                  // 显示字符
unsigned char pucSeg_Code[8];                   // 显示代码
unsigned char ucSeg_Pos;                        // 显示位置
unsigned char ucKey_Dly;                        // 按键延时
unsigned char ucKey_Old;                        // 按键旧值
unsigned char ucLed;                            // LED 值
unsigned int  uiDat_Dly;                        // 数据延时
unsigned char pucRtc[3] = {0x23, 0x59, 0x50};
unsigned char ucMode;                           // 模式：0-触发，1-定时
unsigned char ucFlag, ucFlag1;                  // 距离测量条件
unsigned char ucDist;                           // 距离值
```

```c
unsigned char ucAdc;                          // ADC 值
unsigned int  uiDac;                          // DAC 值(*100)
unsigned char ucType;                         // 数据类型
unsigned char ucMax;                          // 最大值
unsigned char ucMin=255;                      // 最小值
unsigned int  uiSum;                          // 数据累加
unsigned char ucNum;                          // 数据数量
unsigned char ucCnt;                          // 连续计数
unsigned char ucTime[5]={2, 3, 5, 7, 9};
unsigned char ucTime1, ucTime2;               // 时间参数
unsigned char ucDist1=20, ucDist2=20;         // 距离参数

void Seg_Proc(void);
void Key_Proc(void);
void Led_Proc(void);
void Dat_Proc(void);
```

系统主文件 main.c 内容如下：

```c
/*
 * 程序说明：第 12 届国赛试题主文件
 * 硬件环境：CT107D 单片机竞赛实训平台（可选）
 * 软件环境：Keil 5.00 以上，Proteus 8.6 SP2
 * 日期：2022/8/28
 * 作者：gsjzbj
*/
#include "main.h"
// 主函数
void main(void)
{
  Close_Peripheral();
  T1_Init();
  RTC_Set(pucRtc);                      // 设置 RTC 时钟

  while (1)
  {
    T1_Proc();
    Seg_Proc();
    Key_Proc();
    Led_Proc();
    Dat_Proc();
  }
}

void Seg_Proc(void)
{
  if (uiSeg_Dly > 200)                  // 200ms 时间到
```

```
{
 uiSeg_Dly = 0;

 switch (ucState)
 {
  case 0:                     // 显示时间
   sprintf(pucSeg_Char, "%02x-%02x-%02x",\
    (unsigned int)pucRtc[0], (unsigned int)pucRtc[1],\
    (unsigned int)pucRtc[2]);
   break;
  case 1:                     // 显示距离
   if (ucMode == 0)
    sprintf(pucSeg_Char, "LC   %3u", (unsigned int)ucDist);
   else
    sprintf(pucSeg_Char, "LF   %3u", (unsigned int)ucDist);
   break;
  case 2:                     // 显示数据
   switch (ucType)
   {
    case 0:
     sprintf(pucSeg_Char, "H^  %4u", (unsigned int)ucMax);
     break;
    case 1:
     if (ucNum == 0)
      sprintf(pucSeg_Char, "H-  127.5");
     else if (uiSum/ucNum < 100)
      sprintf(pucSeg_Char, "H-   %3.1f",
       (float)uiSum/ucNum);
     else
      sprintf(pucSeg_Char, "H-  %4.1f",
       (float)uiSum/ucNum);
     break;
    case 2:
     sprintf(pucSeg_Char, "H_  %4u", (unsigned int)ucMin);
   }
   break;
  case 0x10:                  // 显示时间参数
   sprintf(pucSeg_Char, "P1    %02u",
    (unsigned int)ucTime[ucTime2]);
   break;
  case 0x11:                  // 显示距离参数
   sprintf(pucSeg_Char, "P2    %02u", (unsigned int)ucDist2);
 }
 Seg_Tran(pucSeg_Char, pucSeg_Code);
}
if (ucSeg_Dly > 2)
```

```
  {
    ucSeg_Dly = 0;

    Seg_Disp(pucSeg_Code, ucSeg_Pos);
    ucSeg_Pos = ++ucSeg_Pos & 7;
  }
}

void Key_Proc(void)
{
  unsigned char ucKey_Val, ucKey_Dn, ucKey_Up;

  if (ucKey_Dly < 10)                  // 10ms 时间未到
    return;                            // 延时消抖
  ucKey_Dly = 0;

  ucKey_Val = Key_Read();              // 读取按键值
  ucKey_Dn = ucKey_Val & (ucKey_Old ^ ucKey_Val);
  ucKey_Up = ~ucKey_Val & (ucKey_Old ^ ucKey_Val);
  ucKey_Old = ucKey_Val;               // 保存按键值

  switch (ucKey_Dn)
  {
    case 4:                            // S4 键
      ucState ^= 0x10;
      ucState &= ~3;
      if ((ucState & 0x10) == 0)
        ucState |= 2;
      else
        ucState |= 1;
    case 5:                            // S5 键
      ucState++;
      if ((ucState & 0x10) == 0)
      {
        if (ucState == 2)              // 数据记录显示
          ucType = 0;                  // 最大值
        if (ucState == 3)              // 3 个数据显示界面
          ucState = 0;
      }
      else
      {
        if (ucState == 0x12)           // 2 个参数设置界面
          ucState = 0x10;
      }
      ucTime1 = ucTime2;
      ucDist1 = ucDist2;
```

```
    break;
  case 8:                          // S8 键
    if (ucState == 1)
      ucMode ^= 1;                 // 切换触发和定时模式
    if (ucState == 2)
      if (++ucType == 3)           // 切换数据类型
        ucType = 0;
    break;
  case 9:                          // S9 键
    if (ucState == 0x10)
      if (++ucTime2 == 5)          // 修改时间参数
        ucTime2 = 0;
    if (ucState == 0x11)
    {
      ucDist2 += 10;               // 修改距离参数
      if (ucDist2 == 90)
        ucDist2 = 10;
    }
  }
}

void Led_Proc(void)
{
  if (ucState < 3)
    ucLed = 1<<ucState;
  else
    ucLed = 0;

  if (ucMode == 0)
    ucLed |= 8;                    // L4 点亮
  else
    ucLed &= ~8;                   // L4 熄灭

  if (ucCnt >= 3)
    ucLed |= 0x10;                 // L5 点亮
  else
    ucLed &= ~0x10;                // L5 熄灭

  if (ucAdc > 50)
    ucLed |= 0x20;                 // L6 点亮
  else
    ucLed &= ~0x20;                // L6 熄灭

  Led_Disp(ucLed);                 // LED 显示
}
```

```
void Dat_Proc(void)
{
  if (uiDat_Dly < 300)                  // 300ms 时间未到
    return;
  uiDat_Dly = 0;

  RTC_Get(pucRtc);                      // 获取 RTC 时钟
  if (ucMode == 1)
  {
    if ((pucRtc[2] % ucTime[ucTime1]) == 0)
      ucFlag = 1;                       // 整除
    else
      ucFlag = 0;
  }
  else
  {
    ucAdc = PCF8591_Adc(1);
    if (ucAdc < 50)
      ucFlag = 1;                       // 暗状态
    else
      ucFlag = 0;                       // 亮状态
  }
  if (ucFlag != ucFlag1)                // 状态变化
  {
    ucFlag1 = ucFlag;

    if (ucFlag == 1)                    // 满足距离测量条件
    {
      ucDist = Dist_Meas();
      if (ucDist > ucMax)
        ucMax = ucDist;                 // 保存最大值
      if (ucDist < ucMin)
        ucMin = ucDist;                 // 保存最小值
      if (++ucNum != 0)
        uiSum += ucDist;                // 数据累加
      else
      {
        uiSum = ucDist;                 // 重新累加
        ucNum =1;
      }
      if (ucDist < 10)
        uiDac = 100;                    // 1V
      else if(ucDist > 60)
        uiDac = 500;                    // 5V
      else
        uiDac = (ucDist * 8) + 20;
```

```
        PCF8591_Dac(uiDac * 0.51);  // 255/500

        if (ucMode == 1)            // 定时模式
        {
          if (((ucDist>ucDist1) && (ucDist-ucDist1)<5)
            || ((ucDist<ucDist1) && (ucDist1-ucDist)<5))
            ucCnt++;
          else
            ucCnt = 0;
        }
      }
    }
  }
```

在 tim.c 中做如下修改：

① 删除下列外部变量声明前的 extern：

```
~~extern~~ unsigned char  ucSec;       // 秒值
```

② 添加下列外部变量声明：

```
extern unsigned int  uiDat_Dly;  // 数据延时
```

③ 在 T1_Proc()的后部添加下列语句：

```
  uiDat_Dly++;
```

在 seg.c 的 Seg_Tran()中添加下列语句：

```
  case '^': ucSeg_Code = 0xfe; break;  // 1 1 1 1 1 1 1 0
  case '_': ucSeg_Code = 0xf7; break;  // 1 1 1 1 0 1 1 1
```

注释掉 i2c.c 中的 AT24C02_Write()和 AT24C02_Read()函数。

4.4.2 系统测试

系统测试的主要步骤如下：

（1）将光敏电阻 RD1 的光照值调到 10 以上。单击“运行仿真”按钮▶，运行程序，系统默认显示时间数据（L1 点亮），距离测量模式处于触发模式（L4 点亮），环境光线状态为亮（L6 点亮）

① 单击 S5 键，显示距离数据（L2 点亮），默认触发模式（LC，L4 点亮），距离值为超声波传感器的初始值。

② 单击 S5 键，显示记录数据（L3 点亮），默认显示最大值 0cm。

③ 单击 S8 键，切换到显示平均值，默认显示 127.5cm。

④ 单击 S8 键，切换到显示最小值，默认显示 255cm。

注意：仿真时首次读取 ADC 的值为 0，然后变为初始值，相当于完成一次触发，所以距离数据和记录数据（包括最大值、平均值和最小值）均为超声波传感器的初始值。

注意：使用竞赛实训平台测试时没有触发，最大值、平均值和最小值均为默认值，依次为 0、127.5 和 255。

（2）单击 S4 键，显示参数设置界面，默认显示采集时间 2s。

① 单击 S9 键，循环切换采集时间（2s、3s、5s、7s 和 9s），将采集时间设为 3s。

② 单击 S5 键，切换到距离参数设置界面，显示默认距离参数 20cm。

③ 单击 S9 键，循环切换距离参数（10～80cm，间隔 10cm），将距离参数设为 30cm。

（3）单击 S4 键，重新显示时间数据（L1 点亮）。

① 单击 S5 键，显示距离数据（L2 点亮），默认触发模式（LC）。

② 改变超声波传感器的距离值，调低光敏电阻的光照值，直到 L6 熄灭，完成一次触发，距离值改变；调高光敏电阻的光照值，直到 L6 点亮。

注意：使用竞赛实训平台测试时，遮挡光敏电阻，测量 1 次数据，L6 熄灭；不遮挡光敏电阻，L6 点亮。

③ 单击 S8 键，切换到定时模式（LF，L4 熄灭），每隔 3s 测量 1 次数据。

④ 改变超声波传感器的距离值，将距离控制在 30±5cm，连续测量 3 次后 L5 点亮。

⑤ 单击 S8 键，切换回触发模式（LC，L4 点亮）。

（4）单击 S5 键，显示数据记录（L3 点亮），显示最大值。单击 S8 键，切换到显示平均值。单击 S8 键，切换到显示最小值。

（5）单击“停止仿真”按钮■，停止仿真。

注意：如果程序不能正常仿真，可停止仿真，在原理图绘制界面下，单击“系统”菜单下的“设置动画选项”菜单项，打开动画仿真电路配置对话框，单击右下角的“SPICE 选项”按钮，打开交互仿真器选项对话框，在左下角选择“Settings for Better Convergence”（设置较好收敛）或“Settings for Better Accuracy”（设置较好精度），单击“加载”按钮加载新的选项参数。

4.4.3 客观题解析

填空题（1.5 分/空）：

（1）IAP15F2K61S2 单片机系统时钟频率为 6MHz，定时器 1 工作于 12T，16 位自动重载模式下，定时时间 10ms，TH1 和 TL1 值应分别配置为______和______（请在空格处填写 10 进制数字）。

（2）通过_____关键字可以将变量存储于外部 RAM 区，地址范围 0 到______（请在第 1 个空格处填写符合题意的 C51 关键字，第 2 个空格处填写 10 进制数字）。

不定项选择（3 分/题）：

（3）在 MCS51 单片机中，若下列中断源都编程为同级，当它们同时发生中断时，单片机首先响应的是（　　）。

A．串口　　B．定时器 0

C．外部中断 1　　D．上述三个中断源可以被同时响应

（4）某电路节点在某个时刻的电流状态如图所示，则推断 i3 的值为（　　）。

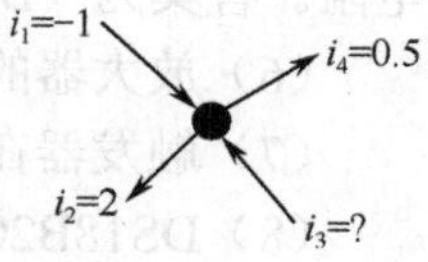

A．1　　B．−2.5

C．2.5　　D．3.5

（5）下列关于多级放大电路的说法中，正确的是（　　）。

A．A_U 为各级放大电路之和　　B．R_I 为输入级的输入电阻

C．R_O 为输出级的输出电阻　　D．以上说法均不正确

（6）放大器的闭环工作状态是指（　　）。

A．有负载接入　　B．有反馈通路　　C．无反馈通路　　D．无负载接入

（7）触发器在触发脉冲消失后，输出状态（　　）。

A．随脉冲一起消失　　B．恢复原状态　　C．状态反转　　D．保持现状态

（8）下列关于 DS18B20 温度传感器的说法中正确的是（　　）。

A．通过单总线协议进行通信

B．能够在 0.1s 内将温度数据转换为 12 位数字

C．最高转换精度为 0.0625℃

D．可以 DQ 引脚寄生电源供电，VDD 可以不接电源

（9）在图示的 ADC 采集电路中，实际采集结果与理论值相比偏小，该如何优化电路（　　）。

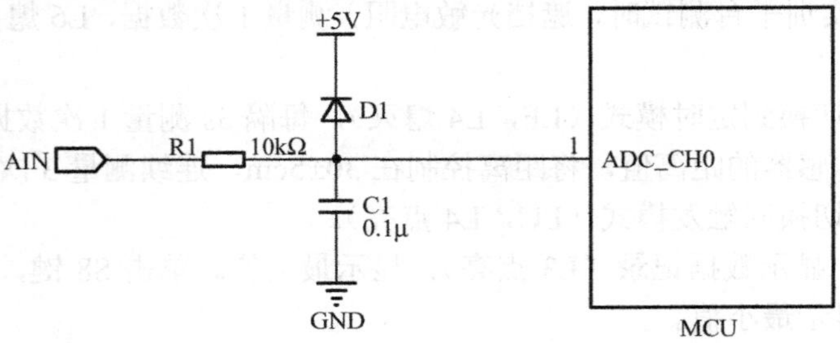

A．减小 R1 的阻值　　　　　　　　　　B．增加 R1 的阻值

C．调整 D1 的连接极性　　　　　　　　D．互换电容 C1 和二极管 D1 的位置

（10）下列关于 IAP15F2K61S2 单片机的说法正确的是（　　）。

A．支持 5V 或 3.3V 电源供电

B．I/O 口可配置 4 种工作状态，最大可提供 20mA 驱动能力

C．提供 4 路 8 位 DAC

D．支持通过串口进行程序下载和在线调试

解析：

（1）6MHz，12T 时的时钟周期是 2μs，定时 10ms 的脉冲数为 5000 个，16 位自动重载模式下定时初值为 60536，TH1 的值为 60536/256 的整数值<u>236</u>，TL1 的值为 60536/256 的余数值<u>120</u>。

（2）C51 中，xdata 指的是扩展 RAM，可用 DPTR 访问，地址范围为 0x0000～0xffff。答案为<u>xdata</u>和<u>65535</u>。

（3）在 MCS51 单片机中，同级中断响应顺序是外部中断 0、定时器 0、外部中断 1、定时器 1 和串口等。答案为（B）。

（4）流进和流出节点的电流之和为 0，i_1 流入−1 实际上是流出 1，所以 i_3 是其他 3 个电流之和，答案为（D）。

（5）多级放大电路中，A_U 为各级放大电路之积，R_I 为输入级的输入电阻，R_O 为输出级的输出电阻。答案为（BC）。

（6）放大器的闭环工作状态是指有反馈通路。答案为（B）。

（7）触发器在触发脉冲消失后，输出状态保持现状态。答案为（D）。

（8）DS18B20 温度传感器通过单总线协议进行通信，将温度数据转换为 12 位数字的最大转换时间为 **750ms**，最高转换精度为 0.0625℃，可以 DQ 引脚寄生电源供电，VDD 可以不接电源。答案为（ACD）。

（9）通过减小 R1 的阻值优化电路。答案为（A）。

（10）IAP15F2K61S2 单片机支持 **5V** 电源供电，I/O 口可配置 4 种工作状态，最大可提供 20mA 驱动能力，提供 8 路 8 位 ADC，**无 DAC**，支持通过串口进行程序下载和在线调试。答案为（BD）。

4.5 第十三届省赛试题

系统硬件框图如图 4.37 所示。

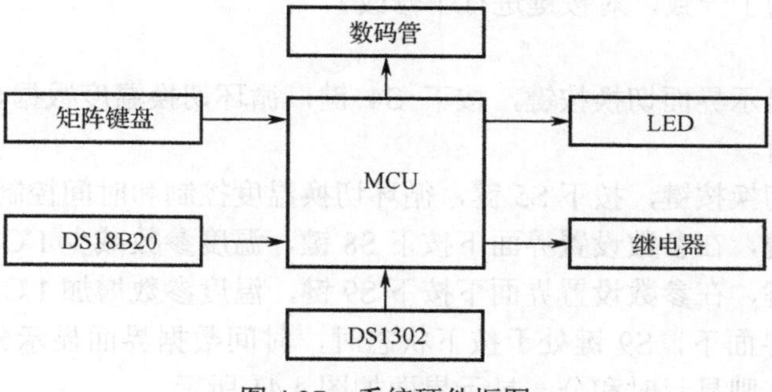

图 4.37 系统硬件框图

系统功能描述如下：

（1）功能概述

① 通过读取 DS18B20 温度传感器，获取环境温度数据。

② 通过读取 DS1302 时钟芯片，获取时、分、秒数据。

③ 通过数码管完成题目要求的数据显示功能。

④ 通过按键完成题目要求的显示界面切换和设置功能。

⑤ 通过 LED 指示灯和继电器完成题目要求的输出指示和开关控制功能。

（2）性能要求

① 温度数据采集、刷新时间：≤1s。

② 按键动作响应时间：≤0.2s。

③ 继电器响应时间：≤0.1s（条件触发后，继电器在 0.1s 内执行相关动作）。

（3）显示功能

① 温度数据显示界面：温度数据显示界面如图 4.38 所示，显示内容包括界面编号（U1）和温度数据，温度数据保留小数点后 1 位有效数字，单位为摄氏度。

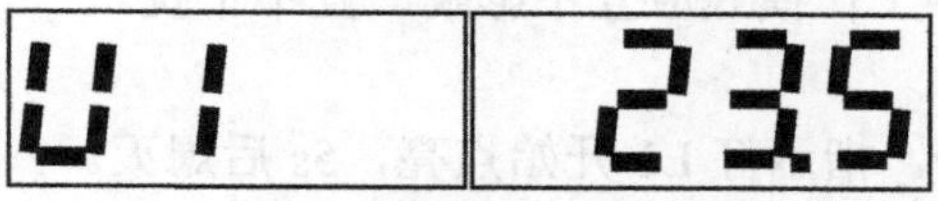

图 4.38 温度数据显示界面

② 时间数据显示界面：时间数据显示界面如图 4.39 所示，显示内容包括界面编号（U2）和时间数据（时和分），时间格式为 24 小时进制。

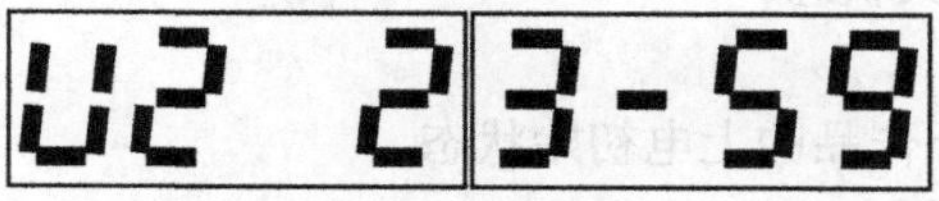

图 4.39 时间数据显示界面（时和分）

③ 参数设置界面：参数设置界面如图 4.40 所示，显示内容包括界面编号（U3）和当前温度参数，温度参数为整数，单位为摄氏度。

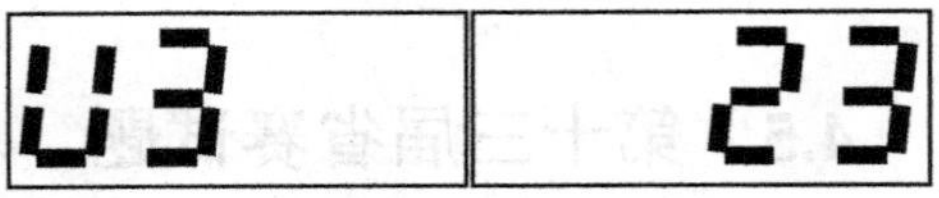

图 4.40　参数设置界面

（4）按键功能（为了一致，对按键进行了修改）

① 功能说明

S4：定义为数据显示界面切换按键，按下 S4 键，循环切换温度数据显示界面、时间数据显示界面和参数设置界面。

S5：定义为模式切换按键，按下 S5 键，循环切换温度控制和时间控制。

S8：定义为减按键，在参数设置界面下按下 S8 键，温度参数减少 1℃。

S9：定义为加按键，在参数设置界面下按下 S9 键，温度参数增加 1℃。

在时间数据显示界面下，S9 键处于按下状态时，时间数据界面显示分和秒（显示格式参照图 4.38）；松开 S9 键，则显示时和分，显示界面如图 4.41 所示。

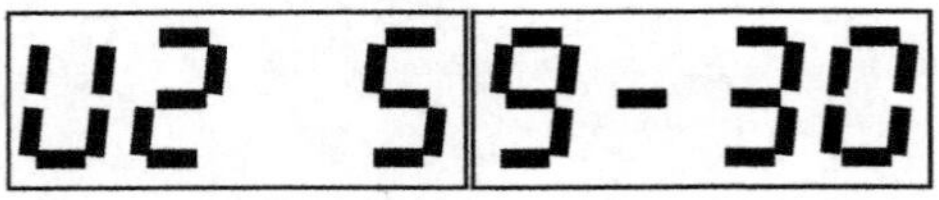

图 4.41　时间数据显示界面（分和秒）

② 其他要求

- 按键应做好消抖处理，避免出现一次按键动作导致功能多次触发等问题。
- 按键动作不影响数码管显示和数据采集过程。
- 按键 S8 在参数设置界面下有效，按键 S9 在时间数据显示界面和参数设置界面下有效。
- 温度参数调整范围：10℃～99℃。

（5）继电器控制功能

① 温度控制模式：继电器状态受温度控制，若当前采集的温度数据超过了温度参数，继电器吸合（L10 点亮），否则继电器断开（L10 熄灭）。

② 时间控制模式：继电器状态受时间控制，每个整点（如 08:00:00）继电器吸合（L10 点亮）5s 后断开（L10 熄灭）。

温度控制和时间控制两种工作模式应互不影响、互不干扰。

（6）LED 指示功能

① 整点时（如 08:00:00），指示灯 L1 开始点亮，5s 后熄灭。

② 指示灯 L2 定义为工作模式指示灯，温度控制时指示灯点亮，否则指示灯熄灭。

③ 继电器处于吸合状态（L10 点亮）时，指示灯 L3 以 0.1s 为间隔切换亮灭状态，否则指示灯 L3 熄灭。

④ 其余指示灯均处于熄灭状态。

（7）初始状态说明

请严格按照以下要求设计作品的上电初始状态。

① 处于温度数据显示界面。

② 工作模式为温度控制。

③ 温度参数为 23℃。

蜂鸣器与试题功能要求无关，作品工作过程中需保持蜂鸣器处于静音状态。

4.5.1 系统设计

通过分析系统基本功能，可以得到系统原理框图如图 4.42 所示。

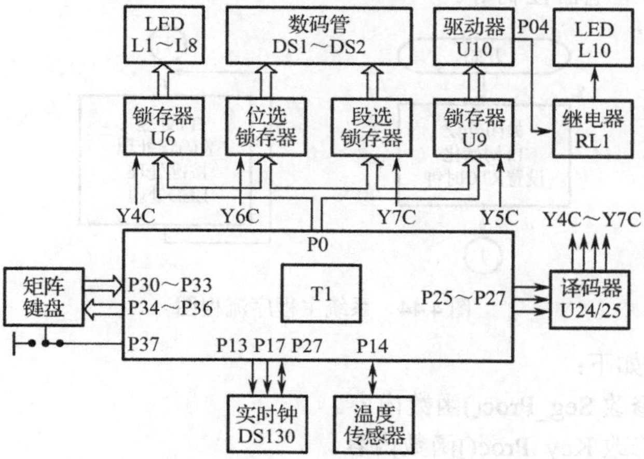

图 4.42　系统原理框图

单片机从矩阵键盘采集功能要求，将数据按要求显示到数码管，并控制 LED 和继电器完成题目要求的输出指示和开关控制功能。通过读取 DS1302 时钟芯片获取时、分、秒数据，通过温度传感器 DS18B20 采集温度值。

系统设计在 DS18B20 设计的基础上完成：在“D:\MCS51”文件夹中将“302_DS18B20”文件夹复制粘贴并重命名为“405_131”文件夹。

在原理图中添加“继电器控制”，如图 4.43 所示。

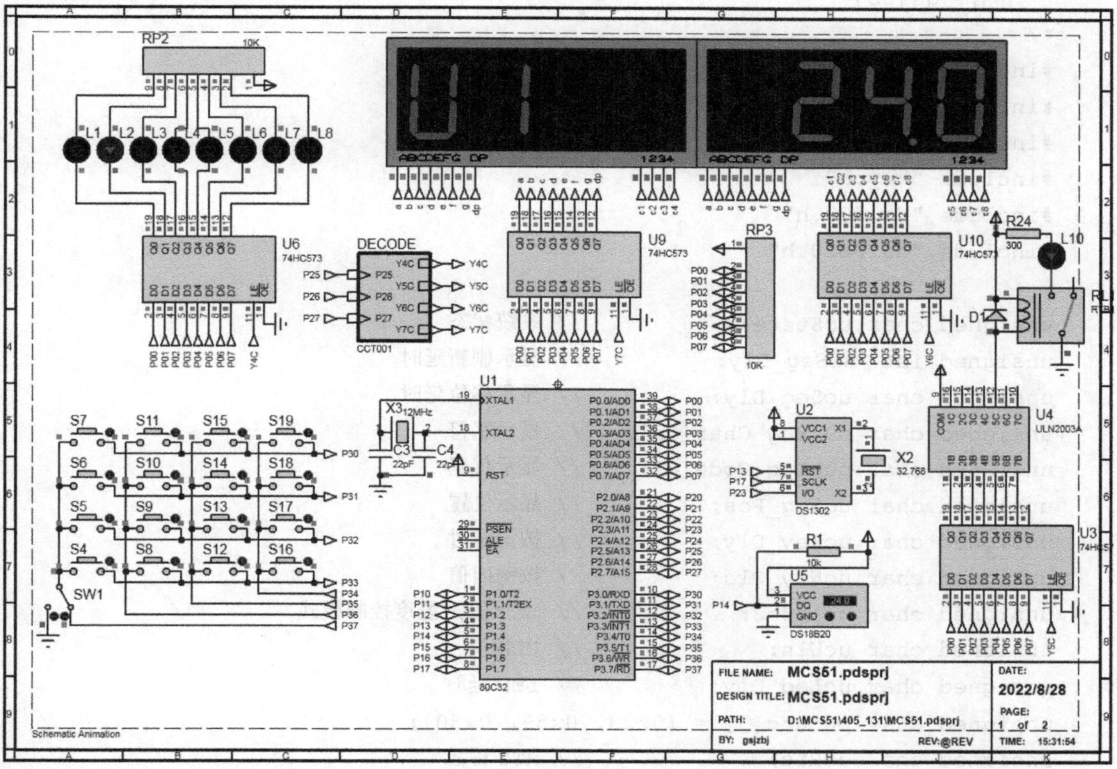

图 4.43　系统原理图

系统主程序流程图如图 4.44 所示。主程序首先关闭外设、对 T1 进行初始化并设置 RTC 时钟然后循环进行 T1 处理、数码管处理、按键处理和 LED 处理，其中 LED 处理包含获取 RTC 时钟读取温度、LED 显示和继电器控制等。

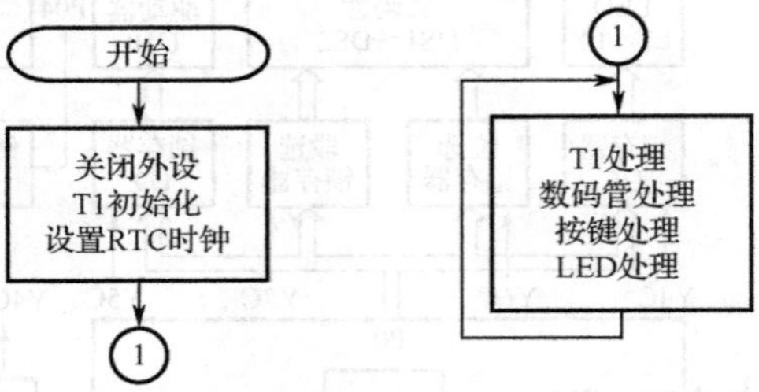

图 4.44　系统主程序流程图

系统设计主要步骤如下：

① 根据显示功能修改 Seg_Proc()函数内容。

② 根据按键功能修改 Key_Proc()函数内容。

③ 根据其他功能设计 Led_Proc()函数。

系统头文件 main.h 内容如下：

```
/*
  * 程序说明：第 13 届省赛试题头文件
  * 硬件环境：CT107D 单片机竞赛实训平台（可选）
  * 软件环境：Keil 5.00 以上，Proteus 8.6 SP2
  * 日期：2022/8/28
  * 作者：gsjzbj
 */
#include <stdio.h>
#include "tim.h"
#include "seg.h"
#include "key.h"
#include "ds1302.h"
#include "ds18B20.h"

unsigned char ucState;              // 系统状态
unsigned int  uiSeg_Dly;            // 显示刷新延时
unsigned char ucSeg_Dly;            // 显示移位延时
unsigned char pucSeg_Char[12];      // 显示字符
unsigned char pucSeg_Code[8];       // 显示代码
unsigned char ucSeg_Pos;            // 显示位置
unsigned char ucKey_Dly;            // 按键延时
unsigned char ucKey_Old;            // 按键旧值
unsigned char ucLed=2;              // LED 值，温度控制模式
unsigned char ucUln;                // ULN 值
unsigned char ucLed_Dly;            // LED 延时
unsigned char pucRtc[3] = {0x23, 0x59, 0x30};
unsigned char ucRtc;                // RTC 标志
unsigned int  uiTemp;               // 温度值
```

```
unsigned char ucTemp=23;                // 温度参数

void Seg_Proc(void);
void Key_Proc(void);
void Led_Proc(void);
```

系统主文件 main.c 内容如下：

```
/*
 * 程序说明：第 13 届省赛试题主文件
 * 硬件环境：CT107D 单片机竞赛实训平台（可选）
 * 软件环境：Keil 5.00 以上，Proteus 8.6 SP2
 * 日期：2022/8/28
 * 作者：gsjzbj
*/
#include "main.h"
// 主函数
void main(void)
{
  Close_Peripheral();
  T1_Init();
  RTC_Set(pucRtc);

  while (1)
  {
    T1_Proc();
    Seg_Proc();
    Key_Proc();
    Led_Proc();
  }
}

void Seg_Proc(void)
{
  if (uiSeg_Dly > 500)              // 500ms 时间到
  {
    uiSeg_Dly = 0;

    switch (ucState)
    {
      case 0:                       // 显示温度
        sprintf(pucSeg_Char, "U1   %03.1f", uiTemp/16.0);
        break;
      case 1:                       // 显示 RTC 时钟
        if (ucRtc == 0)             // 显示时、分
          sprintf(pucSeg_Char, "U2 %02x-%02x",\
            (unsigned int)pucRtc[0], (unsigned int)pucRtc[1]);
```

```
    else                              // 显示分、秒
      sprintf(pucSeg_Char, "U2 %02x-%02x",\
        (unsigned int)pucRtc[1], (unsigned int)pucRtc[2]);
    break;
   case 2:                            // 显示参数
    sprintf(pucSeg_Char, "U3    %02u", (unsigned int)ucTemp);
  }
  Seg_Tran(pucSeg_Char, pucSeg_Code);
 }
 if (ucSeg_Dly > 2)
 {
  ucSeg_Dly = 0;

  Seg_Disp(pucSeg_Code, ucSeg_Pos);
  ucSeg_Pos = ++ucSeg_Pos & 7;
 }
}

void Key_Proc(void)
{
 unsigned char ucKey_Val, ucKey_Dn, ucKey_Up;

 if (ucKey_Dly < 10)                 // 10ms 时间未到
  return;                            // 延时消抖
 ucKey_Dly = 0;

 ucKey_Val = Key_Read();             // 读取按键值
 ucKey_Dn = ucKey_Val & (ucKey_Old ^ ucKey_Val);
 ucKey_Up = ~ucKey_Val & (ucKey_Old ^ ucKey_Val);
 ucKey_Old = ucKey_Val;              // 保存按键值

 switch (ucKey_Dn)
 {
  case 4:
   if (++ucState == 3)               // S4 键切换状态
    ucState = 0;
   break;
  case 5:
   ucLed ^= 2;                       // S5 键切换模式
   break;
  case 8:
   if (ucState == 2)                 // 设置界面参数减 1
   {
    if (--ucTemp < 10)
     ucTemp = 99;
   }
```

```
      break;
    case 9:
      if (ucState == 2)           // 设置界面参数加 1
      {
        if (++ucTemp > 99)
          ucTemp = 10;
      }
  }
  if (ucState == 1)
    if (ucKey_Old == 9)          // 时间界面 S9 键切换时间显示
      ucRtc = 1;                 // 显示分、秒
    else
      ucRtc = 0;                 // 显示时、分
}

void Led_Proc(void)
{
  if (ucLed_Dly < 100)           // 100ms 时间未到
    return;
  ucLed_Dly = 0;

  RTC_Get(pucRtc);               // 获取 RTC 时钟
  if ((ucLed & 2) == 2)          // 温度控制模式
  {
    uiTemp = Temp_Read();        // 读取温度
    if (uiTemp > (ucTemp<<4))
      ucUln = 0x10;              // 打开继电器
    else
      ucUln = 0;                 // 关闭继电器
  }
  else                           // 时间控制模式
  {
    if ((pucRtc[1] == 0) && (pucRtc[2] < 5))
    {
      ucLed |= 1;                // 点亮 L1
      ucUln = 0x10;              // 打开继电器
    }
    else
    {
      ucLed &= ~1;               // 熄灭 L1
      ucUln = 0;                 // 关闭继电器
    }
  }
  if (ucUln & 0x10)              // 继电器闭合
    ucLed ^= 4;                  // L3 闪烁
  else
```

```
    ucLed &= ~4;

  Led_Disp(ucLed);                    // LED 显示状态
  Uln_Ctrl(ucUln);                    // ULN 控制
}
```

在 tim.c 中做如下修改：

① 删除下列外部变量声明前的 extern：

```
~~extern~~ unsigned char  ucSec;       // 秒值
```

② 添加下列外部变量声明：

```
extern unsigned char ucLed_Dly;  // LED 延时
```

③ 在 T1_Proc()的后部添加下列语句：

```
  ucLed_Dly++;
```

4.5.2 系统测试

系统测试的主要步骤如下：

（1）单击“运行仿真”按钮▶，运行程序，系统默认显示温度，工作模式为温度控制（L2 点亮）

如果温度数据大于温度参数，继电器吸合（L10 点亮），L3 闪烁，否则继电器断开（L10 熄灭）L3 熄灭。

（2）单击 S4 键，数码管显示时间（时和分）。

按下 S9 键，数码管显示分和秒；松开 S9 键，数码管恢复显示时和分。

（3）在整点前单击 S5 键，将工作模式切换为时间控制（L2 熄灭）：

整点到时 L1 点亮，继电器吸合（L10 点亮），L3 闪烁。5s 后 L1 熄灭，继电器断开（L10 熄灭），L3 熄灭。

单击 S5 键，将工作模式切换回温度控制（L2 点亮）。

（4）单击 S4 键，数码管显示温度参数（23℃）。

① 单击 S8 键，每单击 1 次，温度参数减 1，减到 10 时再单击 S8 键，温度参数变为 99。单击 S8 键，将温度参数修改为 95。

② 单击 S9 键，每单击 1 次，温度参数加 1，加到 99 时再单击 S9 键，温度参数变为 10。单击 S9 键，将温度参数修改为 30。

注意：在修改温度参数时，继电器和 L3 的状态可能会发生变化。

（5）单击 S4 键，数码管显示温度。温度数据大于温度参数时继电器吸合（L10 点亮），L3 闪烁，否则继电器断开（L10 熄灭），L3 熄灭。

使用竞赛实训平台测试时，用手捏住 DS18B20 可以改变温度数据。

（6）单击“停止仿真”按钮■，停止仿真。

4.5.3 客观题解析

（1）IAP15F2K61S2 单片机的 UART1 可以使用以下哪些外设作为波特率发生器（　　）。

A．定时器 0　　B．定时器 1　　C．定时器 2　　D．独立波特率发生器

（2）超声波传感器能够将声波信号转换为电信号，利用了（　　）。

A．光电效应　　B．热电效应　　C．霍尔效应　　D．压电效应

（3）三态门的输出状态包括（　　）。
A．高电平　　B．低电平　　C．模拟输出　　D．高阻态

（4）下列表达式中与电路图相符的是（　　）。

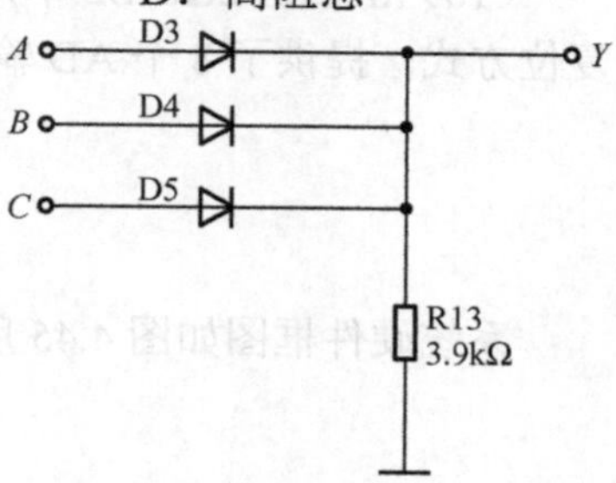

A．$Y=A+B+C$　　B．$Y=C\cdot(A+B)$
C．$Y=A\cdot B\cdot C$　　D．$Y=A\cdot B+C$

（5）下列语句中，可以实现单片机 P42 引脚状态翻转的是（　　）。
A．P42 = ~P42　　B．!P42
C．P4 ^= 4　　D．P4 &= (1 << 2)

（6）下列属于差分方式传输的选项是（　　）。
A．USB　　B．RS-232C　　C．RS-485　　D．1-Wire

（7）C51 中，访问速度最快的是（　　）。
A．data　　B．idata　　C．xdata　　D．pdata

（8）由理想运算放大器构成的电路如图所示，其输出电压 U_o 为（　　）。
A．1V　　B．2V　　C．-2V　　D．3V

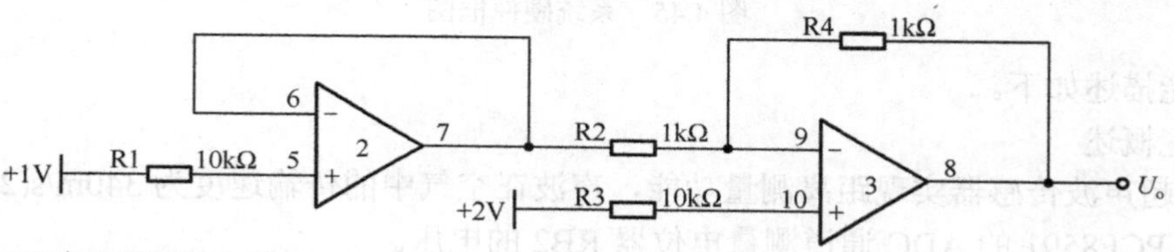

（9）全双工串行通信是指（　　）。
A．设计有数据发送和数据接收引脚　　B．发送与接收不互相制约
C．设计有两条数据传输线　　D．通信模式和速度可编程可配置

（10）以下关于 IAP15F2K61S2 单片机的说法中正确的是（　　）。
A．所有 I/O 口都具有 4 种工作模式
B．支持 7 种寻址方式
C．支持 7 种复位方式
D．提供了 8 个 AD 输入通道，12 位 AD 转换精度

解析：

（1）IAP15F2K61S2 单片机的 UART1 可以使用定时器 1 和定时器 2 作为波特率发生器。答案为（BC）。

（2）超声波传感器能够将声波信号转换为电信号，利用了压电效应。答案为（D）。

（3）三态门的输出状态包括高电平、低电平和高阻态。答案为（ABD）。

（4）电路图实现的是或功能。答案为（A）。

（5）可以实现单片机 P42 引脚状态翻转的是（AC）。

（6）属于差分方式传输的是 USB 和 RS-485。答案为（AC）。

（7）C51 中，data 指的是 0x00～0x7f 的 RAM，直接访问，访问速度最快；idata 指的是 0x00～0xff 的 RAM，间接访问；xdata 指的是扩展 RAM，用 DPTR 访问；pdata 指的是扩展 RAM 的低 256 个字节，间接访问。答案为（A）。

（8）根据理想运算放大器的虚短和虚断原则可以得到：R2 左端的电压为+1V，右端的电压为 2V，流过 R2 的电流为 1mA，方向向左，该电流全部流过 R4，在 R4 上产生的电压为 1V，左负右正，因此 U_o 为 3V。答案为（D）。

（9）全双工串行通信是指发送与接收不互相制约。答案为（B）。

（10）IAP15F2K61S2 单片机所有 I/O 口都具有 4 种工作模式，支持 7 种寻址方式，支持 7 种复位方式，提供了 8 个 AD 输入通道，<u>8</u> 位 AD 转换精度。答案为（ABC）。

4.6　第十三届国赛试题

系统硬件框图如图 4.45 所示。

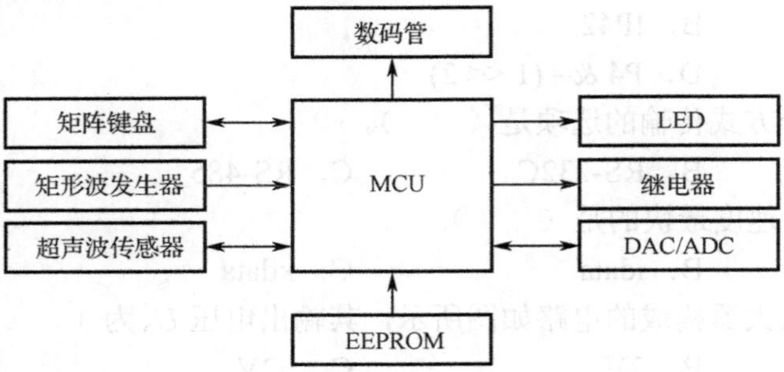

图 4.45　系统硬件框图

系统功能描述如下。

（1）功能概述

① 通过超声波传感器实现距离测量功能，声波在空气中的传输速度为 340m/s(25℃)。

② 通过 PCF8591 的 ADC 通道测量电位器 RB2 的电压。

③ 通过 PCF8591 的 DAC 通道完成模拟电压输出功能。

④ 通过 P34 引脚完成矩形波信号频率的采集。

⑤ 通过 LED 完成题目要求的输出指示功能。

⑥ 按照题目要求，使用 EEPROM 完成数据的记录功能。

⑦ 按照题目要求，完成数据显示、界面切换和参数设置功能。

⑧ 按照题目要求，完成继电器控制相关功能。

（2）性能要求

① 距离测量精度要求：±3cm

② 频率测量精度要求：±8%

③ 按键动作响应时间：≤0.2s

④ 指示灯动作响应时间：≤0.1s

（3）显示功能

① 频率数据显示界面：频率数据显示界面如图 4.46 所示，显示内容包括界面提示符 F 和频率数据，单位为 Hz 或 kHz，可切换。

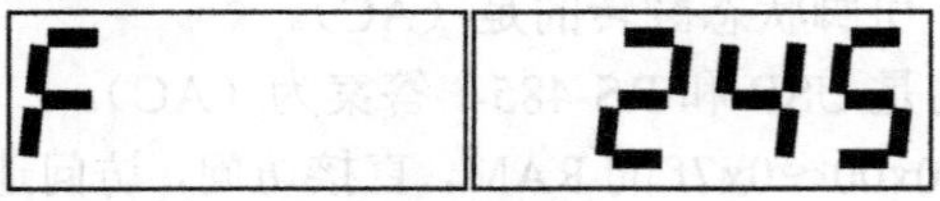

（a）频率单位为Hz

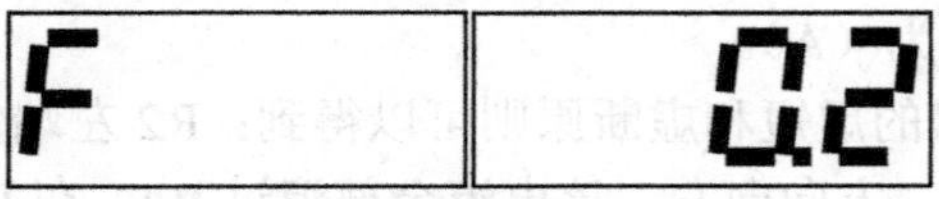

（b）频率单位为kHz

图 4.46　频率数据显示界面

单位为 Hz 时使用 5 位数码管显示频率数据，单位为 kHz 时使用 3 位数码管显示频率数据，保留小数点后 1 位有效数字。数据长度不足时，高位（左侧）数码管熄灭。

② 湿度数据显示界面：湿度数据显示界面如图 4.47 所示，显示内容包括界面提示符 H 和湿度数据，单位为%RH。

使用 3 位数码管显示湿度数据，湿度数据保留整数。数据长度不足时，高位（左侧）数码管熄灭。

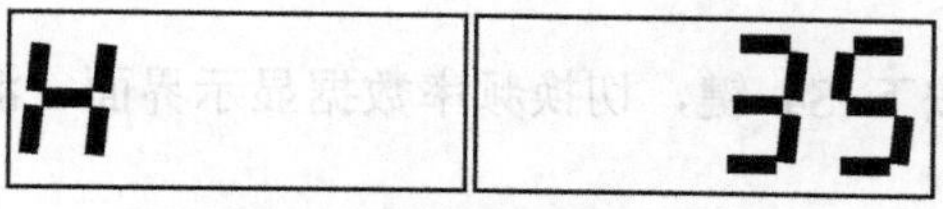

图 4.47　湿度数据显示界面

③ 距离数据显示界面：距离数据显示界面如图 4.48 所示，显示内容包括界面提示符 A 和距离数据，单位为 cm 或 m。

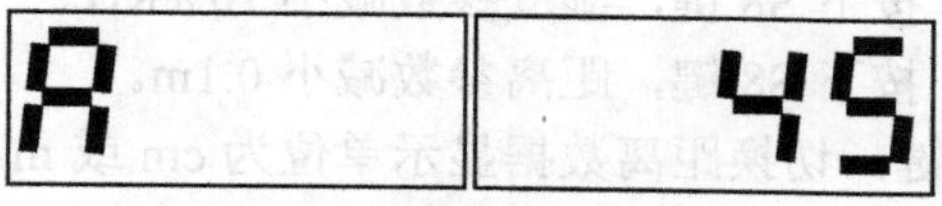

（a）距离单位cm

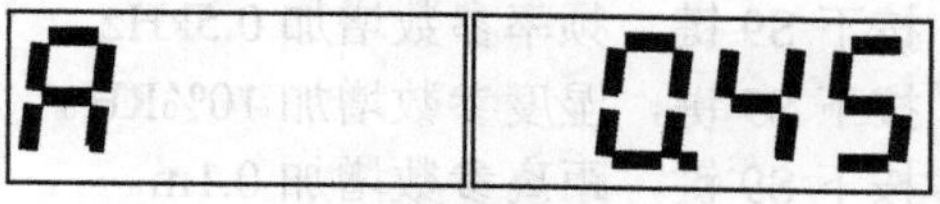

（b）距离单位m

图 4.48　距离数据显示界面

使用 3 位数码管显示距离数据，距离结果不足 3 位时，高位（左侧）数码管熄灭。若距离单位为 m，保留小数点后 2 位有效数字。

④ 参数设置界面

- 频率参数设置：频率参数设置界面如图 4.49 所示，显示内容包括界面提示符 P1 和频率参数（单位为 kHz，使用 3 位数码管显示频率参数，保留小数点后 1 位有效数字）。

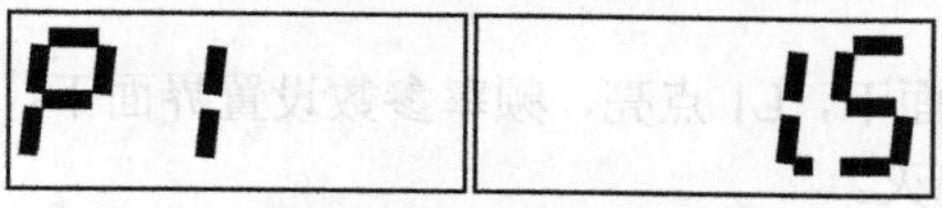

图 4.49　频率参数设置界面

频率参数调整范围：1.0～12.0kHz。

- 湿度参数设置：湿度参数设置界面如图 4.50 所示，显示内容包括界面提示符 P2 和湿度参数，使用 2 位数码管显示湿度参数。

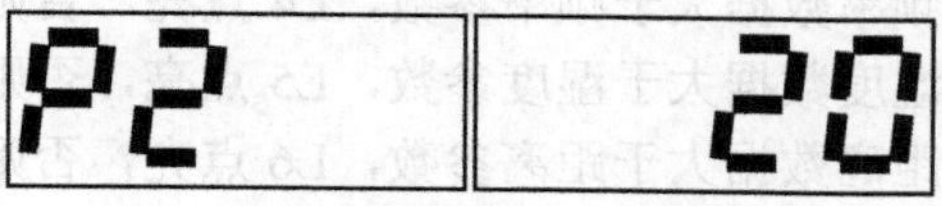

图 4.50　湿度参数设置界面

湿度参数可调整范围：10%～60%RH。

- 距离参数设置：距离参数设置界面如图 4.51 所示，显示内容包括界面提示符 P3 和距离参数（单位为 m，使用 2 位数码管显示距离参数，保留小数点后 1 位有效数字）。

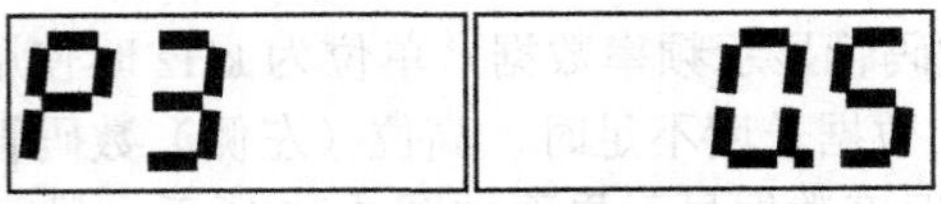

图 4.51　距离参数设置界面

距离参数可调整范围：0.1～1.2m。

（4）按键功能

① 功能说明

S4：定义为界面按键，按下 S4 键，切换频率数据显示界面、湿度数据显示界面、距离数据显示界面和参数设置界面。

S5：定义为参数按键，在参数设置界面下用于切换显示频率、湿度和距离参数。

S8：定义为减按键。

在频率参数设置界面下，按下 S8 键，频率参数减小 0.5kHz。

在湿度参数设置界面下，按下 S8 键，湿度参数减小 10%RH。

在距离参数设置界面下，按下 S8 键，距离参数减小 0.1m。

在距离界面下，按下 S8 键，切换距离数据显示单位为 cm 或 m。

S9：定义为加按键。

在频率参数设置界面下，按下 S9 键，频率参数增加 0.5kHz。

在湿度参数设置界面下，按下 S9 键，湿度参数增加 10%RH。

在距离参数设置界面下，按下 S9 键，距离参数增加 0.1m。

在频率界面下，按下 S9 键，切换频率数据显示单位为 Hz 或 kHz。

② 设计要求

- 按键应做好消抖处理，避免出现一次按键动作导致功能多次触发。
- 按键动作不应影响正常数码管显示和数据采集过程。
- 每次从距离数据显示界面切换到参数设置界面，默认当前为频率参数设置。
- 参数调整模式：参数加到最大值后，继续按下“加”按键，参数变为允许范围内的最小值；参数减到最小值后，继续按下“减”按键，参数变为允许范围内的最大值。

（5）LED 功能

① L1：频率数据显示界面下，L1 点亮，频率参数设置界面下，L1 以 0.1s 为间隔切换亮灭状态（闪烁），其余界面，L1 熄灭。

② L2：湿度数据显示界面下，L2 点亮，湿度参数设置界面下，L2 以 0.1s 为间隔切换亮灭状态（闪烁），其余界面，L2 熄灭。

③ L3：距离数据显示界面下，L3 点亮，距离参数设置界面下，L3 以 0.1s 为间隔切换亮灭状态（闪烁），其余界面，L3 熄灭。

④ L4：若当前测量到的频率数据大于频率参数，L4 点亮，否则 L4 熄灭。

⑤ L5：若当前测量到的湿度数据大于湿度参数，L5 点亮，否则 L5 熄灭。

⑥ L6：若当前测量到的距离数据大于距离参数，L6 点亮，否则 L6 熄灭。

（6）矩形波输出功能

若当前测量到的频率数据大于频率参数，通过竞赛实训平台上的电机驱动引脚 N_MOTOR(J3-6)输出频率 1kHz、占空比 80%的矩形波信号；否则该引脚输出频率 1kHz、占空比 20%的矩形波信号。

（7）湿度测量功能

通过电位器 RB2 上连续可调的电压模拟湿度传感器输入，PCF8591 进行 ADC 转换并计算对应的湿度数据。电位器 RB2 的电压与湿度之间的关系如图 4.52 所示。

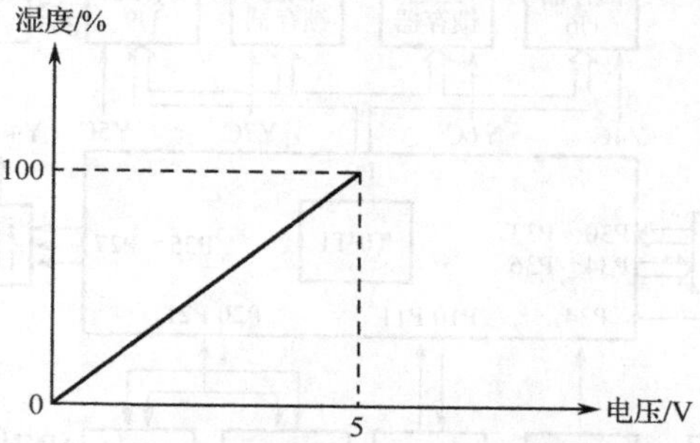

图 4.52　电位器 RB2 电压与湿度的关系

（8）DAC 输出功能

通过 PCF8591 DAC 输出电压，输出电压与湿度之间的关系如图 4.53 所示。

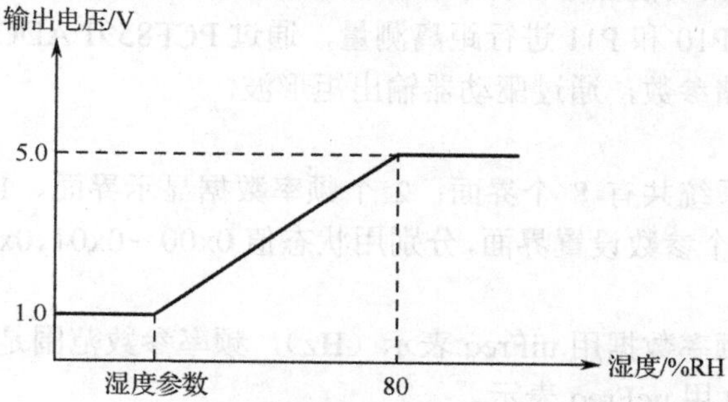

图 4.53　DAC 输出电压与湿度的关系

（9）继电器控制功能

若当前测量到的距离数据大于距离参数，继电器吸合，否则继电器断开。

（10）EEPROM 功能

统计继电器开关次数，将其保存在 EEPROM 的地址 0 中。

（11）初始状态说明

请严格按照以下要求设计作品的上电初始状态。

① 处于频率数据显示界面。

② 显示格式：

- 距离数据显示界面：单位为 cm。
- 频率数据显示界面：单位为 Hz。

③ 参数默认值：

- 频率参数：9.0kHz。
- 湿度参数：40%RH。
- 距离参数：0.6m。

.6.1　系统设计

通过分析系统基本功能，可以得到系统原理框图如图 4.54 所示。

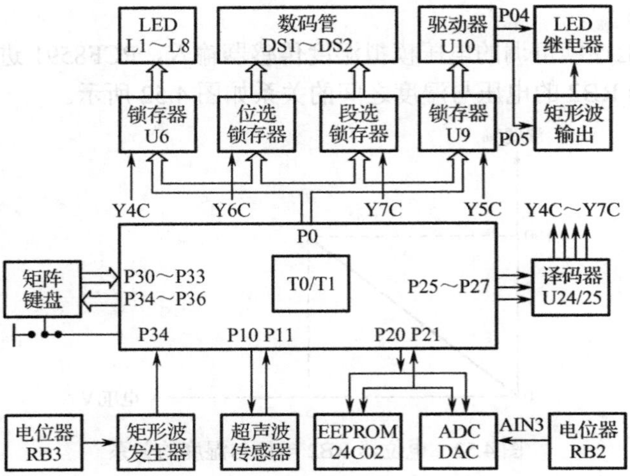

图 4.54　系统原理框图

单片机从矩阵键盘采集功能要求，将数据按要求显示到数码管，并控制 LED 和继电器。通过 P34 进行频率测量，通过 P10 和 P11 进行距离测量，通过 PCF8591 ADC 和 DAC 实现电压采集和输出，通过 EEPROM 存储参数，通过驱动器输出矩形波。

系统重点分析如下。

① 系统状态显示：系统共有 8 个界面：2 个频率数据显示界面、1 个湿度数据显示界面、2 个距离数据显示界面和 3 个参数设置界面，分别用状态值 0x00～0x01、0x10、0x20～0x21 和 0x30～0x32 表示。

② 频率数据显示：频率数据用 uiFreq 表示（Hz），频率参数范围是 1.0～12.0kHz，变化值是 0.5kHz，将参数值乘以 10 用 ucFreq 表示。

③ 湿度数据显示：湿度数据用 ucHumi 表示（%RH），湿度数据和 ADC 值的关系是：

ucHumi=ADC 值×100/255

湿度参数范围是 10%～60%RH，变化值是 10%RH，用 ucHumi1 表示。

④ 距离数据显示：距离数据用 ucDist 表示（cm），距离参数范围是 0.1～1.2m，变化值是 0.1m，将参数值乘以 10 用 ucDist 表示。

⑤ 矩形波输出：用 T2 实现，T2 初始化为 100μs 中断，中断 2 次（200μs）或 8 次（800μs）P05 翻转，中断 10 次（1ms）P05 再翻转，从而输出 1kHz、占空比 20%或 80%的矩形波。

⑥ DAC 输出：DAC 输出用 ucDac 表示（0～255），斜线的表达式为：

uidac=255−204×(80−ucHumi)/(80−ucHumi1)

ucHumi 的取值范围是 ucHumi1%～80%RH，ucHumi1 的取值范围是 10%～60%RH。

系统设计在频率测量设计的基础上完成：在“D:\MCS51”文件夹中将“306_FREQUENCY”文件夹复制粘贴并重命名为“406_132”文件夹。

在原理图中添加子电路“SUB2”（子电路请自行设计），系统原理图如图 4.55 所示。

系统主程序流程图如图 4.56 所示。主程序首先关闭外设，对 T1 和 T2 进行初始化，然后循环进行 T1 处理、数码管处理、按键处理和 LED 处理，其中 LED 处理包含频率测量、距离测量、ADC 输入、DAC 输出和继电器控制等，T2 中断处理中输出矩形波。

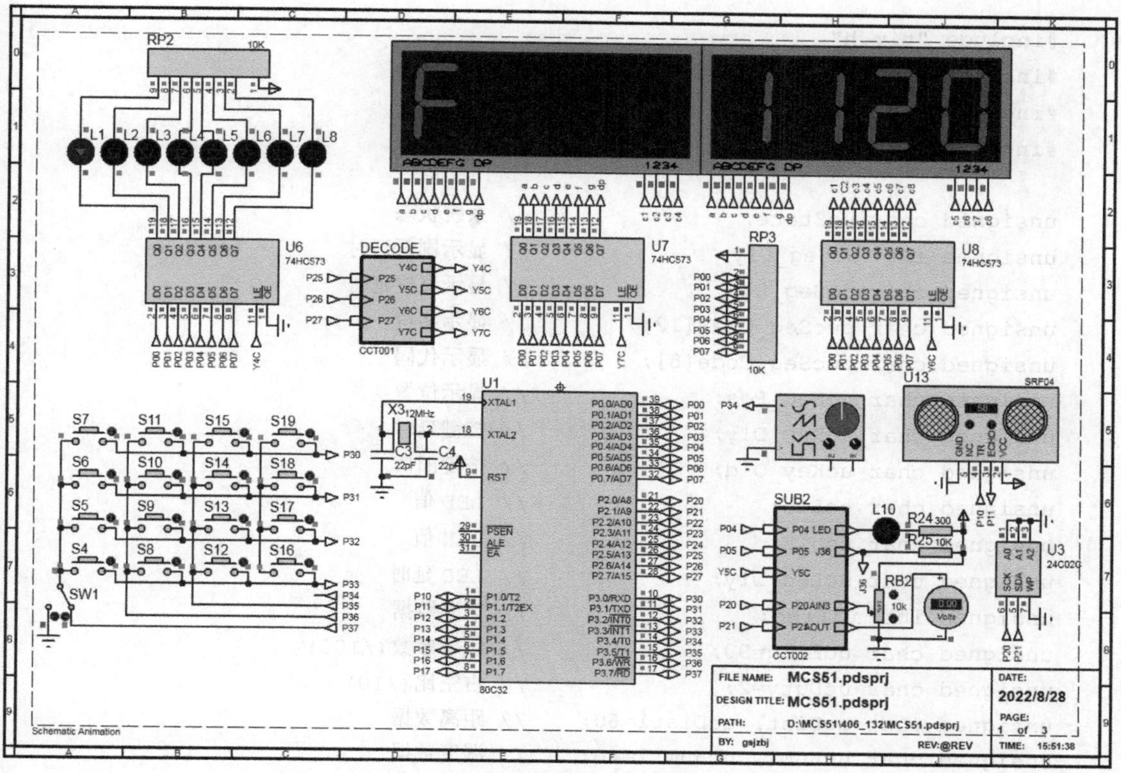

图 4.55　系统原理图

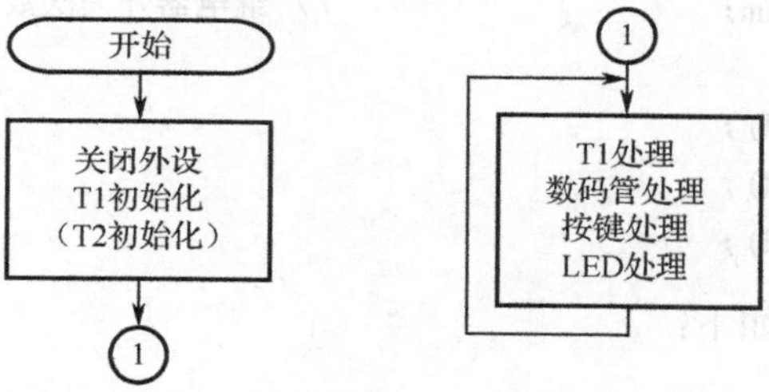

图 4.56　系统主程序流程图

系统设计主要步骤如下：

① 将 i2c.h 和 i2c.c 添加到工程中。

② 根据显示功能修改 Seg_Proc()函数内容。

③ 根据按键功能修改 Key_Proc()函数内容。

④ 根据 LED 等其他功能设计 Led_Proc()函数。

系统头文件 main.h 内容如下：

```
/*
 * 程序说明：第 13 届国赛试题头文件
 * 硬件环境：CT107D 单片机竞赛实训平台（可选）
 * 软件环境：Keil 5.00 以上，Proteus 8.6 SP2
 * 日期：2022/8/28
 * 作者：gsjzbj
*/
#include <stdio.h>
```

```c
#include "tim.h"
#include "seg.h"
#include "key.h"
#include "i2c.h"

unsigned char ucState;                          // 系统状态
unsigned int  uiSeg_Dly;                        // 显示刷新延时
unsigned char ucSeg_Dly;                        // 显示移位延时
unsigned char pucSeg_Char[12];                  // 显示字符
unsigned char pucSeg_Code[8];                   // 显示代码
unsigned char ucSeg_Pos;                        // 显示位置
unsigned char ucKey_Dly;                        // 按键延时
unsigned char ucKey_Old;                        // 按键旧值
unsigned char ucLed;                            // LED 值
unsigned char ucUln;                            // ULN 值
unsigned char ucLed_Dly;                        // LED 延时
unsigned int  uiFreq;                           // 频率数据
unsigned char ucFreq=90;                        // 频率参数(/100)
unsigned char ucDuty=2;                         // 占空比(/10)
unsigned char ucDist, ucDist1=60;               // 距离数据
unsigned char ucHumi, ucHumi1=40;               // 湿度数据
unsigned char ucDac;                            // DAC 值
unsigned char ucNum;                            // 继电器开关次数

void Seg_Proc(void);
void Key_Proc(void);
void Led_Proc(void);
```

系统主文件 main.c 内容如下：

```c
/*
 * 程序说明：第 13 届国赛试题主文件
 * 硬件环境：CT107D 单片机竞赛实训平台（可选）
 * 软件环境：Keil 5.00 以上，Proteus 8.6 SP2
 * 日期：2022/8/28
 * 作者：gsjzbj
*/
#include "main.h"
// 主函数
void main(void)
{
  Close_Peripheral();
  T1_Init();
  T0_Init();
#ifdef IAP15
  T2_Init();                                    // 仿真时报错
#endif
```

```
  while (1)
  {
    T1_Proc();
    Seg_Proc();
    Key_Proc();
    Led_Proc();
  }
}

void Seg_Proc(void)
{
  if(uiSeg_Dly > 500)
  {
    uiSeg_Dly = 0;

    switch(ucState)
    {
      case 0:
        sprintf(pucSeg_Char, "F %6u", uiFreq);
        break;
      case 1:
        if (uiFreq < 10000)
          sprintf(pucSeg_Char, "F    %2.1f", uiFreq/1000.0);
        else
          sprintf(pucSeg_Char, "F   %3.1f", uiFreq/1000.0);
        break;
      case 0x10:
        sprintf(pucSeg_Char, "H    %3u", (unsigned int)ucHumi);
        break;
      case 0x20:
        sprintf(pucSeg_Char, "A %2u %3u", (unsigned int)ucNum,
          (unsigned int)ucDist);          // 增加继电器开关次数显示
        break;
      case 0x21:
        sprintf(pucSeg_Char, "A    %3.2f", ucDist/100.0);
        break;
      case 0x30:
        if (ucFreq < 100)
          sprintf(pucSeg_Char, "P1    %2.1f", ucFreq/10.0);
        else
          sprintf(pucSeg_Char, "P1   %3.1f", ucFreq/10.0);
        break;
      case 0x31:
        sprintf(pucSeg_Char, "P2    %02u", (unsigned int)ucHumi1);
        break;
```

```
      case 0x32:
        sprintf(pucSeg_Char, "P3    %2.1f", ucDist1/100.0);
    }
    Seg_Tran(pucSeg_Char, pucSeg_Code);
  }
  if (ucSeg_Dly > 2)
  {
    ucSeg_Dly = 0;

    Seg_Disp(pucSeg_Code, ucSeg_Pos);
    ucSeg_Pos = ++ucSeg_Pos & 7;      // 数码管循环显示
  }
}

void Key_Proc(void)
{
  unsigned char ucKey_Val, ucKey_Dn, ucKey_Up;

  if (ucKey_Dly < 10)                  // 10ms 时间未到
    return;                            // 延时消抖
  ucKey_Dly = 0;

  ucKey_Val = Key_Read();              // 读取按键值
  ucKey_Dn = ucKey_Val & (ucKey_Old ^ ucKey_Val);
  ucKey_Up = ~ucKey_Val & (ucKey_Old ^ ucKey_Val);
  ucKey_Old = ucKey_Val;               // 保存按键值

  switch (ucKey_Dn)
  {
    case 4:                            // S4 键
      ucState &= 0x30;
      ucState += 0x10;                 // 切换界面
      if (ucState >= 0x40)
      {
        ucState = 0;
        T0_Init();
      }
      break;
    case 5:                            // S5 键
      if (ucState >= 0x30)
        if (++ucState >= 0x33)         // 切换参数
          ucState = 0x30;
      break;
    case 8:                            // S8 键
      switch (ucState)
      {
```

```
    case 0x20:
     ucState = 0x21;
     break;
    case 0x21:
     ucState = 0x20;
     break;
    case 0x30:
     ucFreq -= 5;
     if (ucFreq < 10)
       ucFreq = 120;
     break;
    case 0x31:
     ucHumi1 -= 10;
     if (ucHumi1 < 10)
       ucHumi1 = 60;
     break;
    case 0x32:
     ucDist1 -= 10;
     if (ucDist1 < 10)
       ucDist1 = 120;
  }
  break;
case 9:                                    // S9键
  switch (ucState)
  {
    case 0:
     ucState = 1;
     break;
    case 1:
     ucState = 0;
     break;
    case 0x30:
     ucFreq += 5;
     if (ucFreq > 120)
       ucFreq = 10;
     break;
    case 0x31:
     ucHumi1 += 10;
     if (ucHumi1 > 60)
       ucHumi1 = 10;
     break;
    case 0x32:
     ucDist1 += 10;
     if (ucDist1 > 120)
       ucDist1 = 10;
  }
```

```
  }
}

void Led_Proc(void)
{
  if (ucLed_Dly < 100)
    return;
  ucLed_Dly = 0;

  if ((ucState&0xf0) == 0)                // 频率数据显示界面
  {
    ucLed |= 1;                           // L1 点亮
    if (uiFreq > ucFreq*100)
    {
      ucLed |= 8;                         // L4 点亮
      ucDuty = 8;                         // 占空比 80%
    }
    else
    {
      ucLed &= ~8;                        // L4 熄灭
      ucDuty = 2;                         // 占空比 20%
    }
  }
  else if (ucState == 0x30)               // 频率参数设置界面
    ucLed ^= 1;                           // L1 闪烁
  else
    ucLed &= ~1;                          // L1 熄灭

  if (ucState == 0x10)                    // 湿度数据显示界面
  {
    ucLed |= 2;                           // L2 点亮
    ucHumi = PCF8591_Adc(3)*100/255;
    if (ucHumi > ucHumi1)
    {
      ucLed |= 0x10;                      // L5 点亮
      if (ucHumi > 80)
        ucDac = 255;                      // 5V
      else
        ucDac = 255-204*(80-ucHumi)/(80-ucHumi1);
    }
    else
    {
      ucLed &= ~0x10;                     // L5 熄灭
      ucDac = 51;                         // 1V
    }
    PCF8591_Dac(ucDac);
```

```
    }
    else if (ucState == 0x31)                    // 湿度参数设置界面
      ucLed ^= 2;                                // L2 闪烁
    else
      ucLed &= ~2;                               // L2 熄灭

    if ((ucState&0xf0) == 0x20)                  // 距离数据显示界面
    {
      ucLed |= 4;                                // L3 点亮
      ucDist = Dist_Meas();
      if (ucDist > ucDist1)
      {
        ucLed |= 0x20;                           // L6 点亮
        if ((ucUln&0x10) == 0)
        {
          ucUln |= 0x10;                         // 继电器闭合
          ucNum++;                               // 继电器开关次数
          AT24C02_Write((unsigned char*)&ucNum, 0, 1);
        }
      }
      else
      {
        ucLed &= ~0x20;                          // L6 熄灭
        ucUln &= ~0x10;                          // 继电器断开
      }
    }
    else if (ucState == 0x32)                    // 距离参数设置界面
      ucLed ^= 4;                                // L3 闪烁
    else
      ucLed &= ~4;                               // L3 熄灭

    Led_Disp(ucLed);
    Uln_Ctrl(ucUln);
}
```

在 tim.h 中添加下列函数声明：

```
void T2_Init(void);
```

在 tim.c 中做如下修改：

① 包含下列头文件：

```
#include "seg.h"
```

② 添加下列定义：

```
sfr  IE  = 0xA8;
sbit EA  = IE^7;
#ifndef IAP15
```

```
sfr  T2CON  = 0xC8;
sfr  RCAP2L = 0xCA;
sfr  RCAP2H = 0xCB;
sbit TR2    = T2CON^2;
sbit ET2    = IE^5;
#else
sfr  AUXR = 0x8E;
sfr  T2H  = 0xD6;
sfr  T2L  = 0xD7;
sfr  IE2  = 0xAF;
#endif
```

③ 删除下列外部变量声明前的 extern：

```
~~extern~~ unsigned char  ucSec;      // 秒值
```

④ 添加下列函数声明：

```
unsigned char uc100;                  // 100 微秒值
extern unsigned char ucLed_Dly;       // LED 延时
extern unsigned char ucUln;           // ULN 值
extern unsigned char ucDuty;          // 占空比
```

⑤ 在 T1_Proc()的后部添加下列语句：

```
  ucLed_Dly++;
```

⑥ 添加下列函数体：

```
// 定时 100us@12.000MHz
void T2_Init(void)
{
#ifndef IAP15
  RCAP2L = 156;
  RCAP2H = 255;
  TR2 = 1;
  ET2 = 1;
#else
  T2L = 156;
  T2H = 255;
  AUXR |= 0x10;
  IE2 |= 4;
#endif
  EA = 1;
}

#ifndef IAP15
void T2_Proc(void) interrupt 5
#else
void T2_Proc(void) interrupt 12
```

```c
#endif
{
  if (++uc100 == 10)
  {
    uc100 = 0;
    ucUln &= ~0x20;
    Uln_Ctrl(ucUln);
  }
  if (uc100 == ucDuty)
  {
    ucUln |= 0x20;
    Uln_Ctrl(ucUln);
  }
}
```

注释掉 i2c.c 中的 AT24C02_Read()函数。

4.6.2 系统测试

系统测试的主要步骤如下：

（1）单击“运行仿真”按钮▶，运行程序，系统默认显示频率数据显示界面（单位为 Hz），L1 点亮。如果频率数据大于频率参数（1.5kHz），L4 点亮，J36 输出频率 1kHz、占空比 80%的矩形波信号，否则 L4 熄灭，J36 输出频率 1kHz、占空比 20%的矩形波信号。

单击 S9 键，频率单位切换为 kHz。再单击 S9 键，频率单位切换回 Hz。

注意： T2_Init()仿真时报错，参考 4.4.2 选择“Settings for Better Convergence”（设置较好收敛）后不报错，J36 也能输出矩形波，但数码管显示异常。

注意： 由于竞赛实训平台驱动器的输出端没接上拉电阻，所以输出矩形波幅度很小，可以观察驱动器输入端（U10-6）的波形（反相）。

（2）单击 S4 键，显示湿度数据显示界面，L2 点亮。改变 RB2，湿度数据改变。RB2 最大时，湿度数据为 100%RH，L5 点亮，DAC 输出 5V；减小 RB2，当湿度数据小于 80%RH 时，DAC 输出减小；当湿度数据为 60%RH 时，DAC 输出 3V，湿度数据小于湿度参数（40%RH）时，L5 熄灭，DAC 输出 1V。

（3）单击 S4 键，显示距离数据显示界面（单位为 cm），L3 点亮。如果距离数据大于距离参数（60cm），L6 点亮，继电器吸合（L10 点亮，继电器开关次数加 1 并保存到 EEPROM），否则 L6 熄灭，继电器断开（L10 熄灭）。

单击 S8 键，距离单位切换为 m。再单击 S9 键，频率单位切换回 cm。

注意： 题目没有要求显示继电器开关次数，无法观察其数据的变化。为了观察继电器开关次数变化，程序中增加了继电器开关次数显示功能。

注意： 为了观察继电器开关次数保存到 EEPROM 的情况，可以暂停仿真，单击“调试”菜单中的“I2C Memory Internal Memory”菜单项，显示存储器的内容，其中地址 0 的内容为继电器开关次数。

注意： 竞赛实训平台调试时无法观察存储器保存继电器开关次数的情况。

（4）单击 S4 键，显示频率参数设置界面，L1 闪烁。单击 S9 键，频率参数增加 0.5kHz，增加到 12kHz 时再单击 S9 键频率参数变为 1kHz。单击 S8 键，频率参数变回 12kHz，再单击 S8 键，频率参数减小 0.5kHz。

（5）单击 S5 键，显示湿度参数设置界面，L2 闪烁。单击 S9 键，湿度参数增加 10%RH，增加到 60%RH 时再单击 S9 键湿度参数变为 10%RH。单击 S8 键，湿度参数变回 60%RH，再单击 S8 键，湿度参数减小 10%RH。

（6）单击 S5 键，显示距离参数设置界面，L3 闪烁。单击 S9 键，距离参数增加 0.1m，增加到 1.2m 时再单击 S9 键距离参数变为 0.1m。单击 S8 键，距离参数变回 1.2m，再单击 S8 键，距离参数减小 0.1m。

（7）单击“停止仿真”按钮■，停止仿真。

注意：受信号发生器的影响，当中心频率较高时，数码管会闪烁。

4.6.3 客观题解析

不定项选择（1 分/题）

（1）由 BJT 构成的放大器主要利用了三极管（　　）的功能。

A．电流控制电压　　B．电流控制电流　　C．电压控制电流　　D．电压控制电压

（2）构成微型计算机的主要部件除了 I/O 口外，还有（　　）。

A．内存　　B．CPU　　C．键盘　　D．系统总线

（3）实现直流电源 24V 到 3.3V 的转换，典型高效的解决方案是（　　）。

A．电阻分压　　B．二极管串联降压

C．LDO 低压差线性稳压器　　D．DC-DC 开关电源芯片

（4）在某个硬件电路设计中，单片机的 I/O 口上需要连接多个上拉电阻，电阻范围为 1～10kΩ，以下规格的电阻，哪一种最为合适？（　　）

A．1kΩ，1%　　B．4.99kΩ，5‰　　C．10kΩ，10%　　D．4.7kΩ，20%

（5）下列关于“压敏电阻”的说法中，错误的是（　　）。

A．常用作电源保护电路　　B．用力按压压敏电阻，其阻值减小

C．是一种半导体器件　　D．响应速度快于 TVS 管

（6）对下列程序片段中循环体的执行次数描述正确的选项是（　　）。

```
int x = 0xAA;
int y = 0xAA;
int z = 0x55;
do{
    z = x ^ y;
    x = ~x;
}while(!z);
```

A．执行一次　　B．执行二次　　C．执行三次　　D．死循环

（7）RLC 串联谐振电路的电感增加到原来的 4 倍时，谐振频率变化为原来的（　　）。

A．4 倍　　B．1/4 倍　　C．2 倍　　D．1/2 倍

（8）模拟信号的带宽为 1～100kHz，对其进行无失真采样的频率为（　　）。

A．1kHz　　B．100kHz　　C．200kHz　　D．1MHz

（9）I2C 总线的速度模式可以配置为（　　）bit/s。

A．100k　　B．400k　　C．1M　　D．10M

（10）下列表达式中不存在竞争冒险关系的是（　　）。

A．$Y = ABC + AC'$　　B．$Y = AB + B'C$　　C．$Y = A + B + C$　　D．$Y = AB' + C'$

（11）一个完全对称的差分放大器，其共模放大倍数为（　　）。

A．0　　B．∞

C．与差模放大倍数相同　　D．约等于差模放大倍数的 0.707 倍

（12）关于 IAP15F2K61S2 单片机的堆栈指针 SP 说法中正确的是（　　）。

A．8 位专用寄存器

B．系统复位后，初始地址为 00H

C．数据压入堆栈后，SP 内容增大

D．指示出堆栈底部在内部 RAM 块中的位置

（13）下列选项中，能够把串行数据变成并行数据的电路是（　　）。

A．3/8 译码器　　B．移位寄存器　　C．八进制计数器　　D．数据锁存器

（14）下图所示的运算放大器电路名称是（　　）。

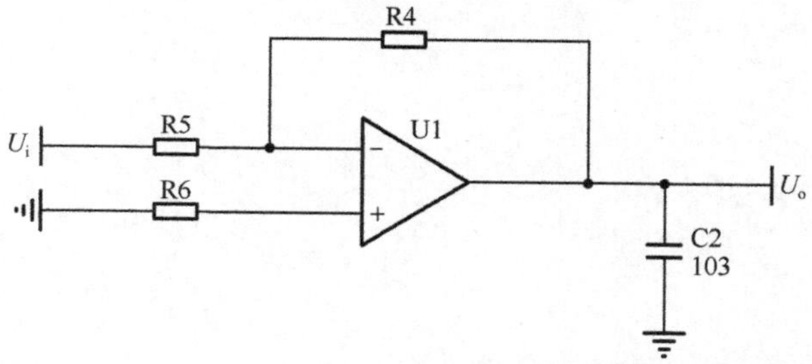

A．同相比例运算放大器　　B．反相比例运算放大器

C．微分器　　D．积分器

（15）下列关于 RS-232C 通信接口的说法中错误的是（　　）。

A．可以实现全双工通信　　B．采用“正逻辑”传输

C．无须专用接口芯片，接口电平兼容 TTL　　D．传输距离小于 RS-485

解析：

（1）BJT 是双极结型三极管，其构成的放大器主要利用了三极管的电流控制电流功能。答案为（B）。

（2）构成微型计算机的主要部件包括 CPU、存储器（内存和外存）、I/O 口和系统总线等。因此除了 I/O 口外，还有 CPU、内存和系统总线。答案为（ABD）。

（3）实现直流电源 24V 到 3.3V 的转换，典型高效的解决方案是 DC-DC 开关电源芯片。答案为（D）。

（4）从阻值和精度两方面考虑，4.7kΩ，20%最为合适。答案为（D）。

（5）压敏电阻是具有非线性伏安特性的半导体电阻器件，主要用于在电路承受过压时进行电压钳位，吸收多余的电流以保护敏感器件。压敏电阻的响应时间为 ns 级，比气体放电管快，比 TVS（瞬态二极管）管稍慢一些。压敏电阻中的“压”指的是电压，不是压力。答案为（BD）。

（6）首次执行循环体时：z 为 0，x 为 0x55，!z 为真，重复执行循环体：z 为 0xFF，x 为 0xAA，!z 为假，退出循环。答案为（B）。

（7）RLC 串联谐振频率为$(2\pi(LC)^{1/2})^{-1}$，与电感 L 的开方成反比。答案为（D）。

（8）无失真采样频率至少为被采样信号最高频率的 2 倍。答案为（CD）。

（9）I2C 总线的速度模式可以配置为 100kbit/s、400kbit/s 和 1Mbit/s。答案为（ABC）。

（10）变量以原变量和反变量两种形式同时出现时就具备了竞争条件。答案为（CD）。

（11）一个完全对称的差分放大器，可以完全抑制共模信号，共模放大倍数为 0。答案为（A）。

（12）堆栈指针 SP 是 8 位专用寄存器，指示出堆栈顶部在内部 RAM 块中的位置，系统复位后初始地址为 **07H**，数据压入堆栈后 SP 内容增大。答案为（AC）。

（13）移位寄存器能够把串行数据变成并行数据。答案为（B）。

（14）运算放大器电路名称是反相比例运算放大器。答案为（B）。

（15）RS-232C 通信接口可以实现全双工通信，采用“负逻辑”传输，接口电平不兼容 TTL，传输距离小于 RS-485。答案为（BC）。

附录 A　单片机竞赛实训平台

单片机竞赛实训平台包括下列功能模块：
（1）单片机芯片
配置 LQFP44 封装 IAP15F2K61S2
（2）显示模块
配置 8 路 LED 输出。
配置 8 位 8 段共阳极数码管。
配置 LCM1602 和 12860 液晶接口。
（3）输入/输出模块
配置 4×4 矩阵键盘，其中 4 个按键可通过跳线配置为独立按键。
配置继电器和蜂鸣器。
配置功率放大电路驱动扬声器。
（4）传感模块
配置光敏电阻。
配置数字温度传感器 DS18B20。
配置红外发射管及红外一体头 1838。
配置超声波收发探头及相应的驱动电路。
（5）电源
USB 和外接 5V 直流电源双电源供电。
（6）通信功能
板载 USB 转串口功能，可以完成单片机与 PC 的串行通信。
单总线扩展，可以外接其他单总线接口器件。
I2C 总线，可以做 I2C 总线实验。
（7）存储、I/O 扩展
配置 EEPROM 芯片 AT24C02。
（8）程序下载
板载 USB 下载功能，不需要另外配备编程器。
板载 USB 转串口功能，可以对支持串行下载功能的芯片进行程序下载。
（9）ADC/DAC 模块
配置 PCF8591 ADC/DAC 芯片，内含 8 位 4 通道 ADC 和单通道 DAC。
（10）信号发生模块
配置 555 方波发生器，可以产生实验所需的 200Hz～20kHz 的方波信号。
（11）其他
配置信号放大模块，可以对输入的低电压模拟信号进行放大。
外设可以用存储器映射方式访问，也可以直接控制 I/O 口访问。
单片机竞赛实训平台实物图如图 A.1 所示。

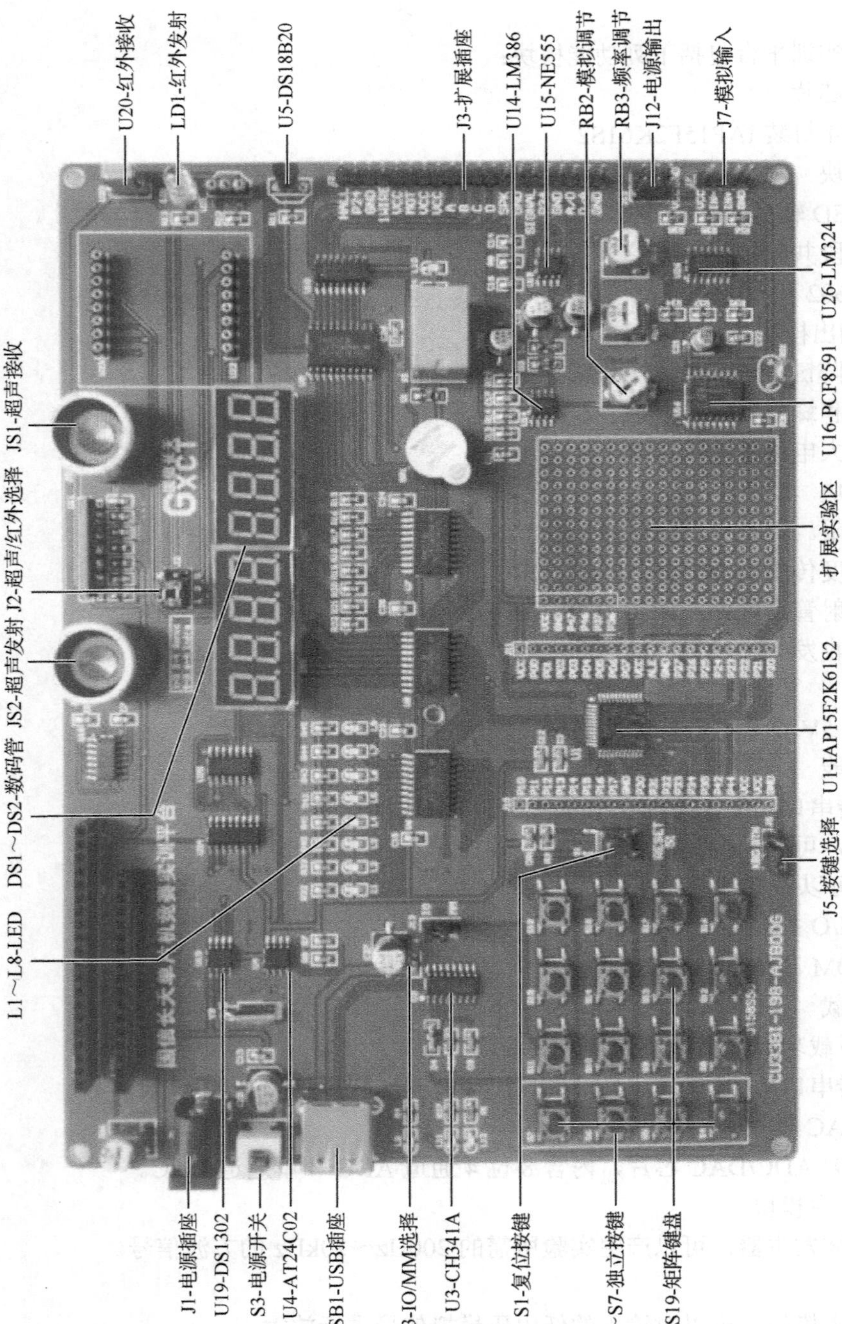
U20-红外接收
LD1-红外发射
U5-DS18B20
J3-扩展插座
U14-LM386
U15-NE555
RB2-模拟调节
RB3-频率调节
J12-电源输出
J7-模拟输入
JS1-超声接收
J2-超声/红外选择
JS2-超声发射
DS1～DS2-数码管
L1～L8-LED
U26-LM324
U16-PCF8591
扩展实验区
U1-IAP15F2K61S2
J5-按键选择
J1-电源插座
U19-DS1302
S3-电源开关
U4-AT24C02
USB1-USB插座
J13-IO/MM选择
U3-CH341A
S1-复位按键
S4～S7-独立按键
S4～S19-矩阵键盘

图A.1 单片机竞赛实训平台实物图

单片机竞赛实训平台简化方框图如图 A.2 所示。

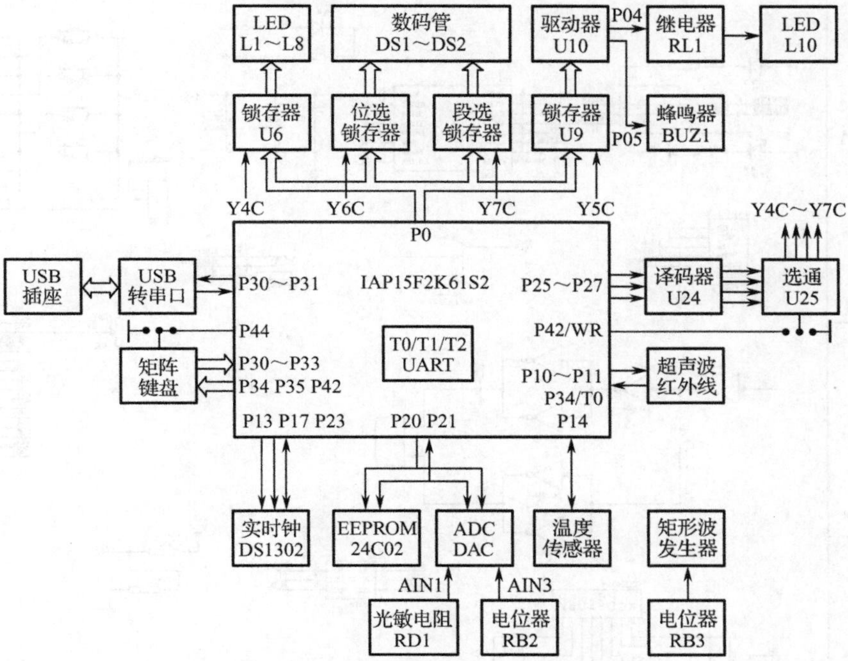

图 A.2　单片机竞赛实训平台简化方框图

单片机竞赛实训平台设备连接关系如表 A.1 所示。

表 A.1　单片机竞赛实训平台设备连接关系

MCU 管脚	连　接	设　备	名　称	功能说明
P30～P33	行线	矩阵键盘	S4～S19	用户按键 S4～S19
P34/P35/P42/P44	列线			
P00～P08	数据			LED、数码管和驱动器公用
P25～P27	Y4C	LED	L1～L8	LED 锁存器使能
	Y5C	驱动器	UNL2003	驱动器锁存器使能
	Y6C	数码管	DS1～DS2	数码管位选锁存器使能
	Y7C			数码管段选锁存器使能
P10～P11	J2.1-J2.3/J2.2-J2.4	超声波		超声波发送/接收
	J2.3-J2.5/J2.4-J2.6	紫外线		红外线发送/接收
P13/P17/P23	RST/SCLK/IO	实时钟	DS1302	
P14	DQ	温度传感器	DS18B20	
P20/P21	SCL/SDA	EEPROM	AT24C02	
		ADC/DAC	PCF8591	CH1-RD1，CH3-RB2
P34	J3.15-J3.16	方波发生器	NE555N	RB3

单片机竞赛实训平台电路图如图 A.3 所示。

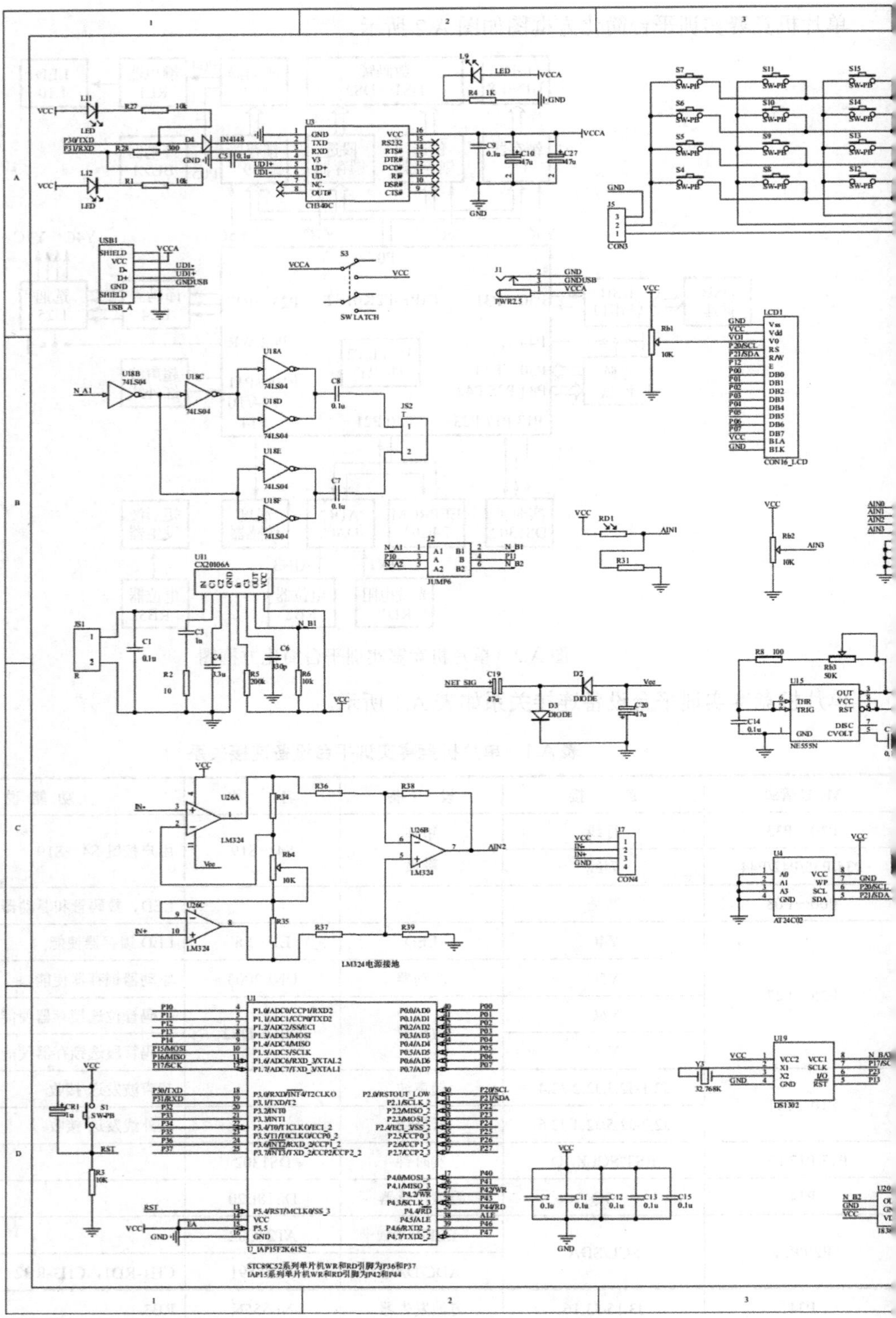
CH340C
USB1
USB_A
S3
SW LATCH
J1
PWR2.5
LCD1
CON16_LCD
74LS04
JS2
J2
JUMP6
U11
CX20106A
J5
CON3
U15
NE555N
LM324
U26A
U26B
U26C
J7
CON4
U4
AT24C02
LM324电源接地
U1
U_IAP15F2K61S2
STC89C52系列单片机WR和RD引脚为P36和P37
IAP15系列单片机WR和RD引脚为P42和P44
U19
DS1302
32.768K

图A.3　单片机竞赛

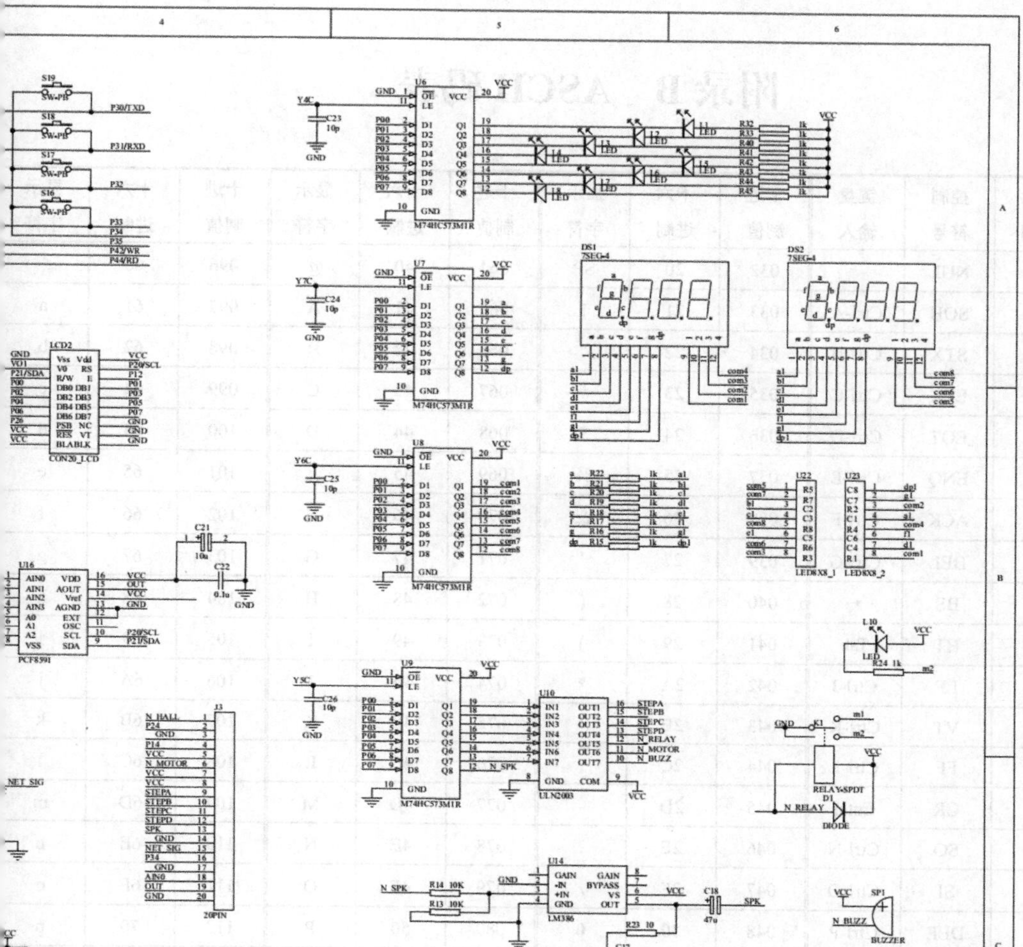
S19 SW-PB
S18 SW-PB
S17 SW-PB
S16 SW-PB
P30/TXD
P31/RXD
P32
P33
P34
P35
P42/WR
P44/RD
U6
M74HC573M1R
U7
M74HC573M1R
U8
M74HC573M1R
U9
M74HC573M1R
Y4C
C23 10p
Y7C
C24 10p
Y6C
C25 10p
Y5C
C26 10p
DS1 7SEG-4
DS2 7SEG-4
LCD2
CON20_LCD
U16
PCF8591
C21 10u
C22 0.1u
J3
20PIN
U10
ULN2003
U22
LED8X8_1
U23
LED8X8_2
L10 LED
R24 1k
K1
RELAY-SPDT
D1 DIODE
N_RELAY
U14
LM386
R14 10K
R13 10K
C18 47u
C17 0.1u
R23 10
SP1 BUZZER
N_BUZZ
R9 10K
U24
74HC138
U25A 74HC02
U25B 74HC02
U25C 74HC02
U25D 74HC02
J13 CON3
U5 18B20
R11 10K
U21 HALL
R10 1K
N_HALL
LD1 Infrared
R12 1K
N_A2
J10 20PIN
J11 20PIN
J12 CON6
Title
Size
Orcad C
Number
Revision
Date: 2019/2/25
File:
Sheet of
Drawn By:

实训平台电路图

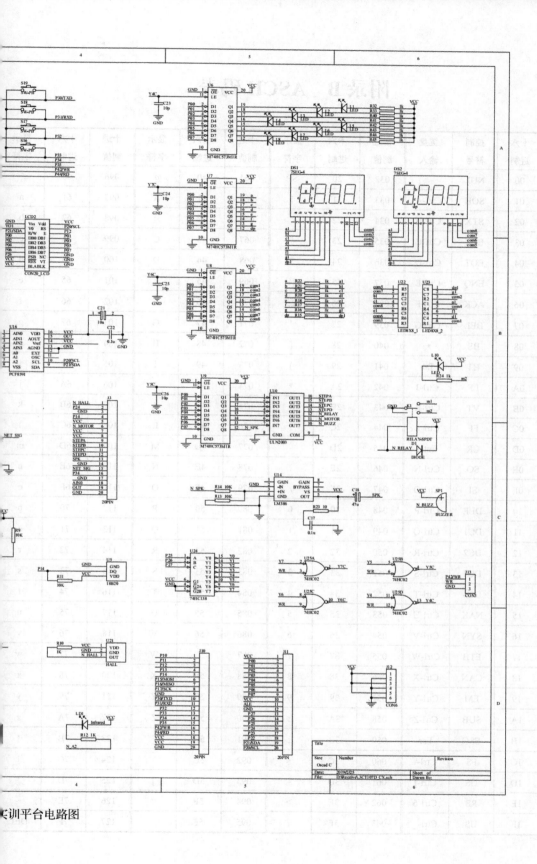

附录B　ASCII码表

十进制值	十六进制	控制符号	键盘输入	十进制值	十六进制	显示字符	十进制值	十六进制	显示字符	十进制值	十六进制	显示字符
000	00	NUL		032	20	SP	064	40	@	096	60	`
001	01	SOH	Ctrl-A	033	21	!	065	41	A	097	61	a
002	02	STX	Ctrl-B	034	22	”	066	42	B	098	62	b
003	03	ETX	Ctrl-C	035	23	#	067	43	C	099	63	c
004	04	EOT	Ctrl-D	036	24	$	068	44	D	100	64	d
005	05	ENQ	Ctrl-E	037	25	%	069	45	E	101	65	e
006	06	ACK	Ctrl-F	038	26	&	070	46	F	102	66	f
007	07	BEL	Ctrl-G	039	27	’	071	47	G	103	67	g
008	08	BS	←	040	28	(	072	48	H	104	68	h
009	09	HT	Tab	041	29	)	073	49	I	105	69	i
010	0A	LF	Ctrl-J	042	2A	*	074	4A	J	106	6A	j
011	0B	VT	Ctrl-K	043	2B	+	075	4B	K	107	6B	k
012	0C	FF	Ctrl-L	044	2C	,	076	4C	L	108	6C	l
013	0D	CR	Enter	045	2D	-	077	4D	M	109	6D	m
014	0E	SO	Ctrl-N	046	2E	.	078	4E	N	110	6E	n
015	0F	SI	Ctrl-O	047	2F	/	079	4F	O	111	6F	o
016	10	DLE	Ctrl-P	048	30	0	080	50	P	112	70	p
017	11	DC1	Ctrl-Q	049	31	1	081	51	Q	113	71	q
018	12	DC2	Ctrl-R	050	32	2	082	52	R	114	72	r
019	13	DC3	Ctrl-S	051	33	3	083	53	S	115	73	s
020	14	DC4	Ctrl-T	052	34	4	084	54	T	116	74	t
021	15	NAK	Ctrl-U	053	35	5	085	55	U	117	75	u
022	16	SYN	Ctrl-V	054	36	6	086	56	V	118	76	v
023	17	ETB	Ctrl-W	055	37	7	087	57	W	119	77	w
024	18	CAN	Ctrl-X	056	38	8	088	58	X	120	78	x
025	19	EM	Ctrl-Y	057	39	9	089	59	Y	121	79	y
026	1A	SUB	Ctrl-Z	058	3A	:	090	5A	Z	122	7A	z
027	1B	ESC	Esc	059	3B	;	091	5B	[	123	7B	{
028	1C	FS	Ctrl-\	060	3C	<	092	5C	\	124	7C	|
029	1D	GS	Ctrl-]	061	3D	=	093	5D	]	125	7D	}
030	1E	RS	Ctrl-6	062	3E	>	094	5E	^	126	7E	~
031	1F	US	Ctrl-_	063	3F	?	095	5F	_	127	7F	DEL

附录C C语言运算符

类型	运算符	功能	优先级	顺序
基本运算符	()	括号	1（最高）	从左到右
	[]	数组元素		
	.	结构成员		
	->	结构指针		
单目运算符	++	后加	2	从左到右
	--	后减		
	++	前加		从右到左
	--	前减		
	-	取负		
	~	位非		
	!	逻辑非		
	&	地址		
	*	内容		
	(类型名)	类型转换		
	sizeof	长度计算		
算术运算符	*	乘	3	从左到右
	/	除		
	%	取余		
	+	加	4	
	-	减		
移位运算符	<<	左移	5	从左到右
	>>	右移		
关系运算符	<	小于	6	从左到右
	<=	小于等于		

类型	运算符	功能	优先级	顺序
关系运算符	>	大于	6	从左到右
	>=	大于等于		
	==	等于	7	
	!=	不等于		
位运算符	&	与	8	从左到右
	^	异或	9	
	|	或	10	
逻辑运算符	&&	与	11	从左到右
	||	或	12	
条件运算符	?:	条件	13	从右到左
赋值运算符	=	赋值	14	从右到左
	+=	加赋值		
	-=	减赋值		
	*=	乘赋值		
	/=	除赋值		
	%=	模赋值		
	<<=	左移赋值		
	>>=	右移赋值		
	&=	与赋值		
	^=	异或赋值		
	|=	或赋值		
逗号运算符	,	逗号	15（最低）	从左到右

附录 D 实验指导

实验 1　LED

一、实验目的

1．熟悉 Proteus 的使用，特别是程序的调试方法。
2．理解 LED 和独立按键的操作方法。
3．了解译码器和锁存器的操作方法。

二、实验内容

系统包括 MCU、独立按键、译码器、锁存器、LED、驱动器、继电器和蜂鸣器等。
1．用 LED 实现流水灯（软件延时 1s）。
2．用 S4 键和 S5 键分别控制 LED 显示左右移动和继电器的打开与关闭。
3．用 S6 键和 S7 键控制蜂鸣器开启和关闭（扩展功能）。

三、实验步骤

参见 2.1 节。

四、思考问题

1．按键判断时 S4 和 S5 为什么要进行逻辑非（!）操作？可以换成位非（~）吗？
2．LED 显示时 ucLed 为什么要进行位非（~）操作？可以换成逻辑非（!）吗？

五、实验报告

1．实验目的	（5 分）
2．实验内容	（5 分）
3．系统原理框图和原理图	（30 分）
4．系统程序流程图和核心操作语句	（30 分）
5．实验过程中遇到的问题和解决方法	（10 分）
6．思考问题解答、收获和建议等	（20 分）

实验 2　定时器

一、实验目的

1．掌握 Proteus 的使用，特别是程序的调试方法。
2．理解定时器相关寄存器位的含义和操作方法。
3．理解定时初值的计算方法。

二、实验内容

系统包括 MCU、独立按键、译码器、锁存器、LED、驱动器、继电器和蜂鸣器等。

1．用定时器实现秒定时。
2．用 LED 实现流水灯（定时器延时 1s）。
3．用 T0 或 T2 实现 1s 定时（T0 或 T2 定时 10ms，扩展功能）。

三、实验步骤

参见 2.2 节。

四、思考问题

1．与 T1 相关的寄存器位有哪些？含义各是什么？
2．T1 的 13 位和 16 位定时初值（TH 和 TL 的值）如何确定？

五、实验报告

1．实验目的　（5 分）
2．实验内容　（5 分）
3．系统原理框图和原理图　（30 分）
4．系统程序流程图和核心操作语句　（30 分）
5．实验过程中遇到的问题和解决方法　（10 分）
6．思考问题解答、收获和建议等　（20 分）

实验 3　数码管

一、实验目的

1．理解数码管的工作原理和操作方法。
2．理解字形码的确定方法。

二、实验内容

系统包括 MCU、译码器、锁存器和数码管等。

1．用定时器实现秒定时。
2．用数码管显示秒值。
3．将数码管旋转 180° 显示（可以显示℃，扩展功能）。

三、实验步骤

参见 2.3 节。

四、思考问题

1．数码管动态显示主要包括哪几个步骤？uiSeg_Dly 和 ucSeg_Dly 的作用有何区别？
2．数码管字形码如何确定？添加“_”的字形码。

五、实验报告

1．实验目的 （5 分）
2．实验内容 （5 分）
3．系统原理框图和原理图 （30 分）
4．系统程序流程图和核心操作语句 （30 分）
5．实验过程中遇到的问题和解决方法 （10 分）
6．思考问题解答、收获和建议等 （20 分）

实验 4　矩阵键盘

一、实验目的

1．理解矩阵键盘的扫描原理和操作方法。
2．理解扫描码的确定方法。

二、实验内容

系统包括 MCU、矩阵键盘、译码器、锁存器和数码管等。
1．用行扫描法识别按键。
2．判断按键的按下、松开和长按。
3．用线翻转法识别按键（扩展功能）。

三、实验步骤

参见 2.4 节。

四、思考问题

1．矩阵键盘行扫描法判断按键动作主要包括哪几个步骤？ucKey_Dly 的作用是什么？
2．矩阵键盘的扫描码如何确定？

五、实验报告

1．实验目的 （5 分）
2．实验内容 （5 分）
3．系统原理框图和原理图 （30 分）
4．系统程序流程图和核心操作语句 （30 分）
5．实验过程中遇到的问题和解决方法 （10 分）
6．思考问题解答、收获和建议等 （20 分）

实验 5　串行口

一、实验目的

1．理解串行口相关寄存器位的含义和操作方法。

3．理解波特率的计算方法。

二、实验内容

系统包括 MCU、虚拟终端、译码器、锁存器和数码管等。

1．用定时器实现秒定时。

2．将秒值发送到虚拟终端。

3．通过虚拟终端设置秒值。

4．将波特率修改为 4800 波特（扩展功能）。

三、实验步骤

参见 2.5 节。

四、思考问题

1．串行口的指标有哪两个？波特率如何确定？

2．串行口的发送和接收标志各是什么？如何使用？

五、实验报告

1．实验目的	（5 分）
2．实验内容	（5 分）
3．系统原理框图和原理图	（30 分）
4．系统程序流程图和核心操作语句	（30 分）
5．实验过程中遇到的问题和解决方法	（10 分）
6．思考问题解答、收获和建议等	（20 分）

实验 6　中断

一、实验目的

1．理解中断的实现方法。

2．理解中断和查询的不同点和相同点。

二、实验内容

系统包括 MCU、虚拟终端、译码器、锁存器和数码管等。

1．用中断方式实现定时器处理。

2．用中断方式实现串行口接收（扩展功能）。

三、实验步骤

参见 2.6 节。

四、思考问题

1．中断操作主要包括哪两个步骤？

2．对比中断和查询程序，找出两者的不同点和相同点。

五、实验报告

1．实验目的 （5 分）
2．实验内容 （5 分）
3．系统原理框图和原理图 （30 分）
4．系统程序流程图和核心操作语句 （30 分）
5．实验过程中遇到的问题和解决方法 （10 分）
6．思考问题解答、收获和建议等 （20 分）

实验 7　DS1302

一、实验目的

1．了解 DS1302 的底层操作方法。
2．理解设置和获取 RTC 时钟的实现方法。

二、实验内容

系统包括 MCU、矩阵键盘、译码器、锁存器、LED、数码管和 DS1320 等。
1．用定时器实现秒计时。
2．用 DS1302 实现时分秒计时。
3．用按键实现状态切换。
4．用 DS1302 实现年月日及星期的设置、获取和显示（扩展功能）。

三、实验步骤

参见 3.1 节。

四、思考问题

DS1302 的时分秒采用什么编码？显示时有什么特别之处？

实验 8　DS18B20

一、实验目的

1．了解 DS18B20 的底层操作方法。
2．理解读取温度的实现方法。

二、实验内容

系统包括 MCU、矩阵键盘、译码器、锁存器、LED、数码管、DS1320 和 DS18B20 等。
1．用 DS1302 实现时分秒计时。
2．用 DS18B20 实现温度读取和显示。
3．用按键实现状态切换。
4．将 DS18B20 设置为 9 位分辨率。（扩展功能）。

三、实验步骤

参见 3.2 节。

四、思考问题

DS18B20 的最大转换时间是多少？如何缩短转换时间？

实验 9　AT24C02

一、实验目的

理解串行 EEPROM 的读写操作方法。

二、实验内容

系统包括 MCU、矩阵键盘、译码器、锁存器、LED、数码管和 AT24C02 等。

1．用定时器实现秒计时。

2．用 AT24C02 记录系统启动次数并显示。

3．用按键实现状态切换。

三、实验步骤

参见 3.3 节。

四、思考问题

对比 AT24C02 的字节读写格式，两者有什么相同点和不同点？

实验 10　PCF8591

一、实验目的

理解 PCF8591 ADC 和 DAC 的实现方法。

二、实验内容

系统包括 MCU、矩阵键盘、译码器、锁存器、LED、数码管、DS1320 和 PCF8591 等。

1．用 AT24C02 记录系统启动次数并显示。

2．用 PCF8591 实现电位器电压的模数转换和数模转换并显示。

3．用 PCF8591 实现光敏电阻 RD1（AIN1）的检测与显示（扩展功能）。

4．用 PCF8591 实现 DAC 输出，并通过 AIN0 进行检测与显示（扩展功能）。

三、实验步骤

参见 3.4 节。

四、思考问题

AT24C02 的读写操作和 PCF8591 的 ADC/DAC 操作有什么相同点和不同点？

实验 11　距离测量

一、实验目的

理解超声波距离测量的原理和实现方法。

二、实验内容

系统包括 MCU、矩阵键盘、译码器、锁存器、LED、数码管和超声波传感器等。

1. 用定时器实现秒计时。
2. 用超声波传感器实现距离测量。

三、实验步骤

参见 3.5 节。

四、思考问题

对比两种距离测量方法的相同点和不同点。

实验 12　频率测量

一、实验目的

理解频率测量的原理和实现方法。

二、实验内容

系统包括 MCU、矩阵键盘、译码器、锁存器、LED、数码管、超声波传感器和信号发生器等

1. 用超声波传感器实现距离测量。
2. 用计数法实现频率测量。
3. 用计时法实现频率测量（扩展功能）。

三、实验步骤

参见 3.6 节。

四、思考问题

距离测量和频率测量都用 T0 实现，两者是否会冲突？